U0545684

為了找回自己，決心數位戒斷

「我，23歲，人生為了按讚數而活！」

忍足蜜柑——著
OSHIDARI Mikan

林以庭——譯

目次

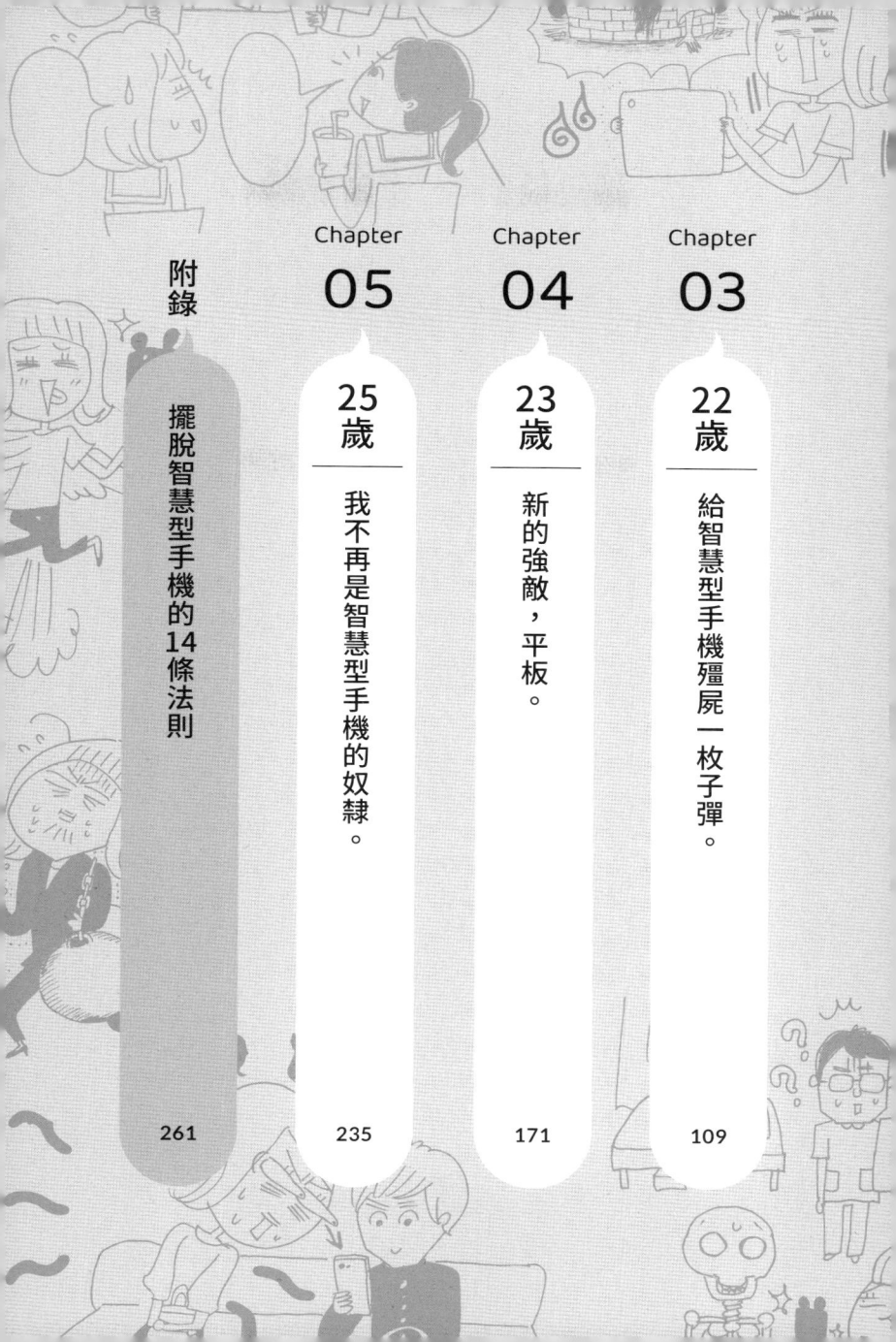

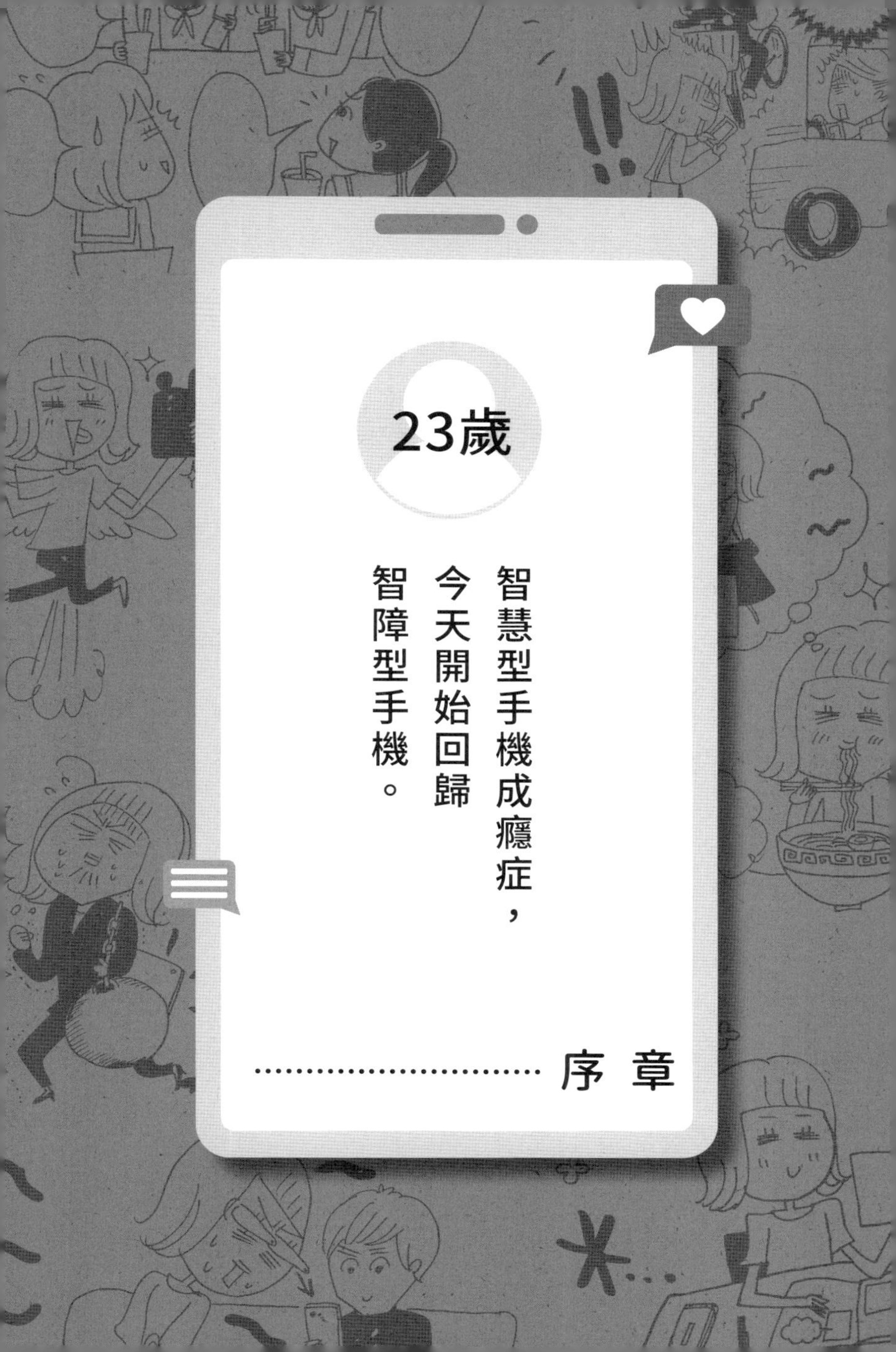

序章

23歲

智慧型手機成癮症，
今天開始回歸
智障型手機。

2017年8月13日。

就算只是靜靜地站著也很熱。

新買的內搭背心被汗水沾濕，緊貼在我的皮膚上。

豔陽高照，向日葵望天，蟬在鳴叫。如詩如畫的夏天。

然而，在這樣的景色中，我卻呆站在一家店門口，一動也不動。

我知道眼前的玻璃門後面是開著冷氣的天堂。我也清楚，只要再往前走一步，就能沐浴在涼風中。

但我還是沒有移動半步。

我瞄了海報一眼，上面的當紅女演員手裡拿著智慧型手機燦笑著，接著又看了廣告看板上的「還在使用功能型手機的你！」和幾個推薦方案一眼，深呼吸了兩次。我將炎熱的空氣吸入體內，然後呼出更熾熱的氣息。

好，沒什麼好猶豫的，我已經下定決心了。

——妳這樣就不正常了耶？會變成少數派哦？會跟別人都不一樣哦？這樣

也沒關係嗎？

——我求之不得。不一樣最好。「普通」這種東西就應該揉成一團，狠狠地扔進垃圾桶裡。

這是我自我詰問後的最終答案，我終於抬起了手。本來以為會很沉重的，卻出乎意料地輕盈。現在已經沒有枷鎖和鎖鏈了。

我按下開關按鈕，一陣舒適宜人的微風籠罩著我。

「歡迎光臨～有什麼可以為您服務的嗎？」

一名看起來很聰穎的店員迎面跑來，我向他說道。

「我想換手機。」

「沒問題，那您決定好要換什麼機型了嗎？」

「我想把現在用的這個，換成那個。」

「這個」……店員的目光落在我右手拿著的智慧型手機上。

而關鍵的「那個」……我的左手指向了廁所旁的架子，店員來回看了好幾眼。他的反應簡直像是見到鬼一樣。

這難道是什麼整人節目嗎？我是不是應該要拿出一塊寫著「整人大成功！」的牌子呢？但我是認真的，我的臉上就大大地寫著認真兩個字。

「您是要換成功能型手機……嗎？」

「是的，我想換成功能型手機。」

「您是同時使用兩台手機嗎？」

「沒有，我決定再也不要用智慧型手機了。」

「那個……其實我們有一些很優惠的智慧型手機方案，價格也和功能型手機差不多……」

「不不不，不是錢的問題，我就是想要功能型手機。」

在這一連串問答之後，我告別了智慧型手機，重回功能型手機的懷抱。

我再強調一次，這是發生在2017年，也就是平成29年的事。

怎麼可能！太落伍了吧！逆潮流！妳以為自己是穿越時空的少女嗎！

我自己也覺得難以置信。因為那時的我，說是為了「按讚數」而活也不為過。每當聽見SNS的通知音，我就像巴夫洛夫的狗一樣流口水。「按讚數」越多，腦海裡就會充斥著幸福兩個字，陶醉在片刻的狂喜中。

如果「按讚數」比上次少了一個，會很認真地覺得自己一文不值，乾脆死一死算了。如果LINE收到訊息，不秒回就會感到焦慮，甚至還曾經飽受通知音幻聽所苦。因為大家都這麼做，所以我也只是跟著呆呆地盯著網路新聞和遊戲畫面度日。

如果不盯著手機螢幕看，空閒時間簡直會要了我的命。不知不覺中，手裡這個萬能的高科技產品就像心臟一樣，重要得離不開。一旦放手，就會因失落帶來的焦慮而顫抖。

酒精成癮？尼古丁成癮？毒品成癮？不，我是手機成癮。

這就是曾經的我。

然而，自從我在2017年8月放下智慧型手機後，直到寫下這篇文章的

2019年，手邊有的都是功能型手機。哪怕這個時代的人，不分男女老少，從躺在搖籃到躺進墳墓都是智慧型手機的忠實用戶。

但我並不後悔。反而會讓我感到後悔的是，使用智慧型手機的那段日子。

……慢著！心裡想著「屁啦！怎麼可能還有人在用智障型手機啦！」打算闔上這本書的人，請先等一下！

我確實和普通人不一樣。我是少數派，可能難以理解，也難以引起共鳴。既然你都拿起這本書了，這就是一種緣分。更何況，在這個連嬰兒都會盯著智慧型手機螢幕看的時代，可以打破「與自己不同」的隔閡，交流一下不同的文化？也可以抱持著觀賞稀有動物或挑戰異國料理的心態，試著閱讀下去吧。

儘管放心吧。不會因為你看了這本書就不能使用智慧型手機或被迫改用功能型手機，我可沒有那種魔法。雖然這本書主要是探討從智慧型手機換成功能型手機的心路歷程，但我個人認為，無論是女高中生用功能型手機，還是90歲的老人用智慧型手機，都是沒有問題的。用自己想用的、喜歡的東西就好。

大家應該都聽過「一樣米養百樣人」這句話吧。但這個社會對於「不一樣」往往是冷漠的，很難與眾不同。就算是100%的多數派，真正普通的人其實也不多見。

當5個人一起去吃飯，點了唐揚雞塊，如果其中4個人都喜歡淋檸檬汁的話，不淋檸檬汁的自己就是與眾不同的少數派。但如果換一批人去吃飯，不淋檸檬汁可能就是普遍的多數派也說不定。

多數派、少數派、普通、時代、流行等概念，其實非常脆弱且容易動搖。

所以，我們不應該責備與眾不同的人、排擠少數派，也不應該劃分優劣，而是要尊重每個人的「我喜歡這個！」和「我想要這麼做！」對了，吃唐揚炸雞時，可以分裝到小碟子裡，想淋檸檬、不想淋檸檬都可以，甚至要淋美乃滋也沒關係。只要你喜歡就好。雖然熱量很高啦。

讓我重新介紹一下自己。我的姓氏「忍足」，唸作「OSHIDARI」。名字是來自酸酸甜甜的柑橘類——蜜柑。我叫作忍足蜜柑。

我是一個出生於平成6年（1994年）的小女子，曾經對於自己與眾不同、不屬於多數派感到自卑，如今將這個弱點轉換成武器，手握筆桿，開創出屬於自己的道路。

只不過是一支手機，又不單單只是一支手機。在這個充滿殘疾、膚色、眼睛顏色、性別、性取向……等差異的世界，多數派和少數派之間聳立著一道高牆。我希望藉由揮動我的筆，哪怕很渺小、很微弱，也能成為改變現狀的一點力量。我是抱持著這樣的想法寫下這些文字的。

無論是使用智慧型手機、功能型手機、轉盤式電話，甚至是紙杯電話的人，世上沒有兩個人是完全一樣的。

與我不同的你也是如此。

再給這本書多一點時間吧！

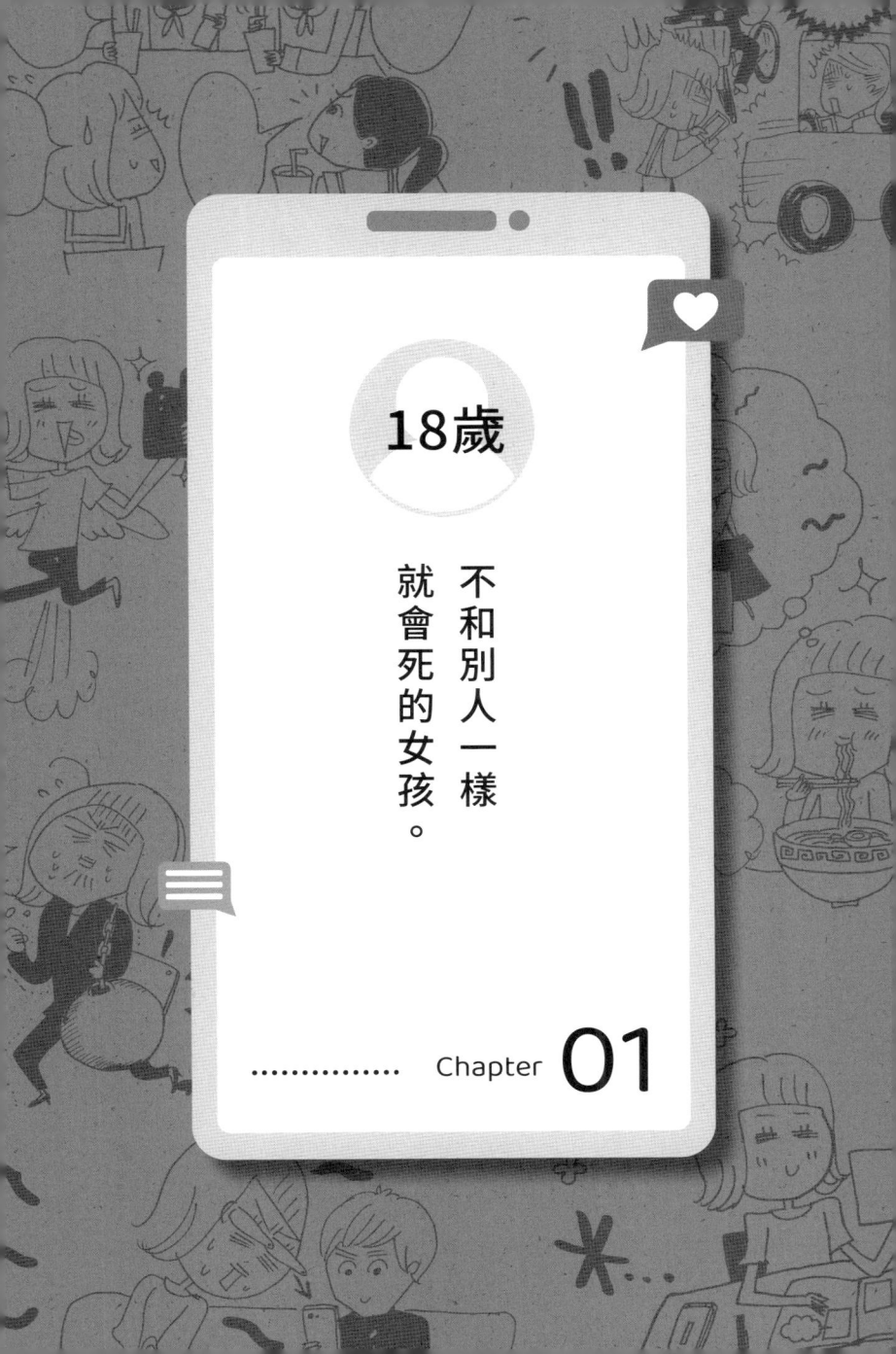

Chapter 01

18歲

不和別人一樣就會死的女孩。

在討論這本書的核心內容「從智慧型手機回歸到功能型手機的故事」之前，我想先追溯一下時代背景。

就像一套全餐不會一開始就上鮮嫩多汁的肉，而《七龍珠》的悟空也不會在第一集就變成超級賽亞人。

哦，雖然阿姆羅在第一集就能開鋼彈，我們姑且先不論這個。

總之，我們一步一步來吧。

我第一次擁有手機是在2001年，當時我才小學一年級。我比同學們擁有手機的時機要早很多，但只是用來聯絡才藝班的事。基本上我只會用來打電話，電話簿裡也只有爸爸、媽媽和家裡的電話號碼。

小學五年級的時候，周遭的同學們開始隨身攜帶手機，在下課後或晚上也可以透過文字和朋友聊天，還被「不把這封信轉發給10個人就會死掉」的連環信嚇個半死過。

國中一年級的時候，我開始使用ＳＮＳ，開始使用非本名的虛構假名，和那些沒見過面，連年齡和性別都不知道是真是假的陌生人交流。

２００８年，當我國中二年級時，被別人問道「要不要加 mixi[1] 好友？」就像魔法咒語一樣開心不已，甚至還會在「自我介紹」的興趣欄位寫下「觀察人類」這種中二病滿滿的尷尬內容。

看了手機小說《戀空》嚎啕大哭也是這個年紀的事。對了，那時候還很流行用水鑽或指甲油把自己的手機裝飾得漂漂亮亮的。

那一年，也是蘋果公司日後風靡全球的 iPhone 首次在日本上市，但老實說，我一點印象都沒有。大概是在電視上看到的吧。「民眾為了搶購手機大排長龍！」這樣的新聞畫面。

但我的大腦並不能像錄下電視節目一樣將準確的日期烙印在記憶中，所

1 mixi，日本2004年上線的社群網站。

以我也不能確定腦中浮現的那些影像究竟是不是2008年的，或許是更之後的事情也說不定。

不過，可以確定的是，當時我和身邊的人都不怎麼感興趣。

當時，電視機裡的大叔穿著高領毛衣，戴著圓框眼鏡，意氣風發地談論新型的通訊裝置，我看都沒有多看一眼，反而沉迷在手機螢幕上朋友們寫的日記和個人頁面的瀏覽足跡中。

那時，我以為這一切會永遠持續下去。

成年以後，我們還是會在mixi上更新近況，感嘆居然有這麼一天，個人頁面上的年齡欄會變成20多歲。

但「現在」並不是永遠，賞味期限出乎意料地短。

我意識到賞味期限短得就像生魚片一樣，是在2011年我高中二年級時。當時AKB48的前田敦子和大島優子的總選舉正如火如荼地進行著。

早上爬不起來的我總是頂著亂糟糟的鳥窩頭，邊打哈欠邊走進教室，在窗戶邊坐下。就像被帶來帶去的便當盒，淒涼地擠在角落一樣。

那是圍繞著一個人形成的人群。我也好奇地學她們湊上前，成為人群的一部分。人群的中心是對潮流很敏銳的時尚達人小凜。

對了，我得先說明一下，當時我就讀的是郊區一所中高一貫的女子學校。校規非常嚴格，裙子長度跟不良少女一樣，只能留黑髮，不能化妝。甚至YAHOO知識＋上有人提問「我在○○車站看到一群超土的女高中生，她們是哪所學校的呀？」我的母校會立刻被選為最佳答案。

再加上，或許是因為全校都是女生而產生的自由感，掀裙子是家常便飯，也會用摸胸部的方式當作打招呼，色情書籍和偶像雜誌四處傳閱，雙腿也不併攏，大大張開。前一天還把「我明天要開始減肥～」掛在嘴邊，卻還是照樣吃著洋芋片，截然與時尚流行隔絕，宛如鎖國的狀態。

但是以小凜為首的這群人，裙子都很短，針織外套長到蓋住了手指，放學後化上當年最流行的妝容前往市區。時尚是她們最好的朋友，她們也非常擅長和流行元素打交道。她們會從原宿和澀谷帶回流行單品和時尚服飾的資訊給身處封閉國家的我們。我想這次應該也是如此。

當我走近一看，發現人群的視線都集中在同一個地方。

大家都在看小凜的手，她手上拿著的東西外觀像是書法課會用到的硯台，只是更薄一些。然而，在硯台儲墨的部分，卻和墨汁形成鮮明對比，閃爍著銳利的光芒。那是一個液晶螢幕。

「小凜。」

我在人群中向她搭話。

「哦，蜜柑，早呀。妳又差點遲到了。昨晚是不是又看深夜動畫了呀？」

她轉向我，也不知道那紅潤的臉頰是化妝的還是天生的，接著揚起了偷偷擦過唇膏的桃紅色嘴唇。真是個美少女。

出乎意料的是，女子學校其實沒有明顯的階級制度，因此無論是美少女，還是像我這樣的普通人都能好好相處。

「我才沒看。我是因為早上在看《鬧鐘電視》的星座運勢，結果晚出門了。」

眼看老師快來了，人群散開，大家紛紛回到座位上。我的座位就在小凜的前面。我一邊把惱人的大屁股放到木椅上，一邊繼續聊天。

「妳的排名有值得看到晚出門嗎？」

「金牛座，第八名。」

「不怎麼樣的排名嘛，甚至是倒數的!?」

「但至少不是倒數三名呀。算是中吉吧。凡事適中就可以了。」

我把目光投向引起大家騷動的原因——小凜手中握著的那個物體。

「話說，那是什麼？」

我指著那個看起來像硯台，又像縮小版的電視機，也像哆啦A夢的道具的東西。

「妳問這個嗎？智慧型手機呀。」

「智慧型手機……」

我茫然地重複了一遍這個陌生的詞。

「就是一種新款手機。我想要很久了，我求爸媽買給我，就當作是提早送的生日禮物了。」

「小凜，妳的生日是下週嗎？」

「對，13號。」

「哦，巨蟹座啊。今天運勢排名第一呢……等等，這是手機!?」

「對呀。」

「什麼？那按鈕呢？怎麼沒有！是滑蓋式的嗎？不對，也沒有……！」

我緩緩伸出手，輕輕撫摸那個叫做智慧型手機的背面。它光滑平坦得就像我的胸部一樣，沒有地方可以藏住滑蓋式的按鈕。

「按鈕在畫面裡，妳看。」

Chapter 01

18 歲・不和別人一樣就會死的女孩。

畫面裡出現了一排平面的字母。這是什麼玩意兒？我的心境就像是老派刑偵劇一樣。我瞪大了雙眼。

「這樣能打字嗎？不會打錯嗎？手指太粗的人不就完蛋了？」

「能打字啦。習慣就好、習慣就好。」

「是嗎？有那麼簡單？」

「如果妳好奇的話，可以試試看呀。」

「咦？」

TRY。

我順手接過智慧型手機。比想像中輕很多。當我把它握在手裡時，螢幕發出的光就像八月的太陽一樣耀眼。我用指尖在液晶螢幕上敲擊和滑動，試著打出文字，但既費時又費勁。本來想打「忍足」卻變成「忍竹」，看著這不精明的液晶螢幕，我不禁嘆了一口氣。這種東西根本沒辦法讓我像以前那樣傳訊息給朋友或是更新 Ameblo 和 Twitter。

有按鈕的話，不用看著螢幕也能打字，還不會打錯字，多讓人安心啊。但智慧型手機卻把這麼重要的按鈕移除了。如果是反過來的情況我還比較能理解。因為螢幕上的觸碰面板很難打字，所以在上面加了按鈕，這樣還比較合理。

不過，我是不會改用智慧型手機的，而且我覺得智慧型手機也不會普及。雖然它充滿未來感，也很酷，但真的很難打字，畫面還亮得很刺眼。我想這種東西只有部分名人會使用吧。而且還是國外的超級名人，像是小賈斯汀或瑪丹娜之類的？嗯，大概就是只會在那些人之間流通。

「妳的反應好誇張，像漫畫人物一樣臉上掛著三條線！」

小凜的聲音把我從思緒萬千中拉回到現實。

「不是啊，這個真的很難用。我用這個打不了字，也習慣不了。打一個字都很困難，需要非常專注才行，這樣就做不了其他事了，我覺得不好。」

「所以妳也沒注意到老師已經來了嗎？」

「咦？」

我轉頭看向講台，長得酷似搞笑組合「爆笑問題」的田中裕二的班導就在台上怒視著我。回過神來才發現全班同學都已經起立了，班會時間就差我這個慢吞吞的人一起敬禮才能開始。

「忍足還真是大人物出勤啊，老師都驚呆了。」

「與其說是出勤，應該說是登校吧？不對，她都已經來學校了……大人物問候？大人物起立？大人物敬禮？」

一位同學這麼說道，全班哄堂大笑。

「總而言之，妳現在可是大人物了呢。」

「對、對不起啦～！」

把手機還給小凜後，我一邊道歉一邊起身。我捂著被取笑得發熱的臉頰，向後仰著身子，於事無補地抱怨著：「為什麼不早一點叫我啦！」

「我叫了妳好幾次，但妳完全沒聽見。」

「我真的沒聽見呀！哎喲，智慧型手機真的很難用，我用不來，我還是和按鍵式手機相依為命吧。」

是的，雖然我後來變成智慧型手機成癮者，但我的第一印象是完全不能理解它的魅力。

「是嗎？可是我覺得以後智慧型手機會成為主流耶。」

「不不不，不可能的吧！」

如果真的變成那樣的話……根本就是《世界奇妙物語》的劇情嘛。

噠啦啦啦啦、噠啦啦啦啦。那首略微毛骨悚然的主題曲在我耳邊響起，腦海中浮現出塔摩利的臉。

＊

然而，一年後。

我升上高三的２０１２年。

小凜的預言成真了，我真的成為了《世界奇妙物語》的登場人物。班上有一半的人都換成了智慧型手機。

聽見人們把折疊式功能型手機簡稱為「ガラケー」[2]，我還很震驚。居然說是「破爛手機」[3]，太過分了！但後來知道它的縮寫由來是「加拉巴哥群島手機」，意思是折疊手機像是加拉巴哥群島的生物一樣，是在日本這個島國中獨自進化出來的手機，我稍微鬆了一口氣。

我第一次用智慧型手機打字時，「這怎麼有辦法打字啦！」的第一印象太過強烈，以至於我不覺得智慧型手機能成為自己生活中的一部分。

我一邊聽著把流行資訊帶回班級裡的小凜等人在班級的中心暢聊只存在於智慧型手機螢幕裡的陌生詞彙，一邊用功能型手機上搜尋寄送郵件時可以

---

2 ガラケー（GALA-KEI）為 Galápagos Keitai 的縮寫。
3 破爛手機（Garakuta Keitai）也可以縮寫成 GALA-KEI。

使用的可愛符號，或是在廣播電台的網站上下載聲優的來電鈴聲。

我心想，如果智慧型手機和功能型手機各半的情景能永遠維持下去就好了。然而，正如前面提到功能型手機的簡稱一樣，「你還在用功能型手機哦？」的鄙視氛圍開始逐漸蔓延。

比如說，我那個長得像《烏龍派出所》主角的高三班導，會在考試前拿著袋子在教室裡走來走去，說：「把手機放進來！」

對機器一竅不通、不關心潮流的老師，在把智慧型手機收進袋子裡時會撇起嘴，皺著八字眉。在折疊手機放進袋子時，則會笑咪咪地揚起嘴角，原本嚴肅的臉上露出笑容。這樣的態度引起了小凜她們的噓聲。

「老師，你太落伍了！你是原始人嗎！完蛋了啦！」

「不要吵！我就是討厭機器啦！」

這樣的互動讓教室裡充滿了起鬨聲和笑聲，但我只能勉強擠出一個假笑，可能是因為我的想法更接近50歲的老師，而不是同為18歲的小凜。

對智慧型手機抱持不友善的態度……難道是頑固老爸的表現，也是落伍的象徵嗎？

真是失禮，我可還是個花樣年華的女高中生呢。但在我的心裡，卻有個小老頭在打造自己的小天地。

對於其他流行趨勢，儘管我不是走在最前端，但至少能跟上大致的潮流。我有去看剛建成的晴空塔，也有對AKB的前田敦子的畢業感到震驚，也曾經把流行語「夠狂野吧？」掛在嘴邊。但唯獨對智慧型手機……唔……算了，不想了。每個人都有自己的喜好和擅長、不擅長的事。而且，班上有一半的同學都和我一樣。我不是孤單一人，所以沒關係。

然而，在某天回家的路上。

我和幾個朋友（都是用折疊手機）沒有精力也沒有勇氣像小凜她們一樣跑去澀谷或原宿，大家一起在當地平價的家庭餐廳裡閒聊。

「好想快點換成智慧型手機啊。」

其中一個人用吸管攪拌她從飲料吧裝回來的薑汁汽水，一邊玩著碳酸飲料的氣泡，隨口說道。

什麼？

「啊，我懂。但我這支手機還拿不到兩年，所以爸媽說不行，真傷心。」

「我也是！我爸媽說等我上大學就會買給我當作入學禮物，但我就是現在想要呀！現在！趁我還是高中生的時候～！」

這麼突如其來的背叛，簡直就是明智光秀突然大喊「敵人在本能寺！」的程度。我把想大喊「布魯圖斯，你也有份!?」的話用冰紅茶咽了下去，整理好心情後，說道。

「大家都想換智慧型手機嗎……？」

回覆來得毫不拖泥帶水。

「那還用說嗎。」

「能換的話，我現在立刻就想換。」

「蜜柑，妳也是吧？」

「喔，對呀！那當然，我超想換智慧型手機，想到渾身都在顫抖。」

「妳是西野加奈嗎！」

我發動日本人的傳家寶刀——「即使要壓抑自己的意見也要懂得察言觀色」，我勉強地笑了笑，但內心卻很慌張。就像漫畫裡那樣，我的頭上冒出了一堆汗。什麼！真的假的！妳們是認真的嗎？我的天呀！我一直以為……班上那50%用折疊手機的人……還有街上看到的拿折疊手機的人……都和我是一樣的想法，原來並不是這樣。

我隨口問了問身邊的朋友和同學，看看有沒有人和我有相同的想法，不過得到的回答通常只有兩種情況。

好想快點換成智慧型手機啊～
我現在就想換～！
我也是～
就是呀～

①爸媽說要等到上大學才能換手機的人。
②手機剛換不到兩年，所以還不能換的人。

順帶一提，「兩年」是指大多數電信業者提供的兩年合約，如果在續約月份之前解約的話，則需要支付解約金。那可不是高中生能負擔的金額。也就是說，大家都是「想換成智慧型手機但因為某些原因不得不繼續使用折疊手機的人」。他們不像我一樣是100%純粹喜歡折疊手機的忠實用戶。局勢就像黑白棋一樣瞬間逆轉了。

奇怪？原來我是少數派嗎？這種焦慮感漸漸湧上心頭。

最典型的例子就是我的同班同學夏美。

那天放學後，我因為委會員的事情而晚回家。原本應該空無一人的教室裡傳來了「叩叩」的硬物撞擊聲。我抱持著六成的好奇和四成的恐懼探頭一看，出現在我眼前的既不是有未了心願的幽靈，也不是需要向鬼太郎求救的邪惡怨靈，而是蹲跪著不知道在扔什麼東西的夏美。

她扔出的東西看起來好像很硬。那物體在地板上滑過、揚起灰塵，撞到牆上發出沉悶的撞擊聲後，反彈回來，回到她手上後又再次被扔了出去。

「夏美，妳在做什麼？」

「哦～！是蜜柑柑呀～」

她用可愛動畫角色般的語調回應我。班上大多數同學都不喜歡她裝可愛的樣子，但她的一舉一動都不是精心計算的，而是很自然地做出來的，反而讓我覺得她很有趣，所以偶爾會和她聊幾句。

不過，夏美的話題有九成都圍繞在她那個完美的模特兒男友身上，我只看過一張照片，也不知道是不是真有其人。

「蜜柑柑妳呢？妳怎麼在這裡？」

「委員會有事。說是開會，其實也只是大家在閒聊啦。」

「哦。」

「所以夏美妳在這裡做什麼呀？」

「我在鬧脾氣呢！約會取消了，說是臨時有拍攝工作，還有巴黎時裝週，夏美的王子大人忙得很呢。」

讓人想吐槽的地方太多了。

好吧，先不管那些了（如果在意那些事情，我跟夏美十秒都聊不下去），我低頭看向地面。清潔人員隨便打掃過的地板上散落著灰塵和小蟲蟲的屍體。白色的油氈地板上，躺著她剛才像打保齡球或冰壺一樣，故意滑向牆壁的物體。

我仔細一看，那是……

「這不是ＣＯＭ嗎！」

正式名稱是由一間名為WILLCOM的公司推出的ＰＨＳ，簡稱「ＣＯＭ」。它不是折疊式，而是直板式的設計，也就是液晶螢幕和按鈕共存於一個長方形中。由於使用了可愛、鮮豔的原色，直到不久之前都還很受歡迎，再加上費用低廉，所以有些女生會買來當作情侶機，和聯絡朋友用的手機做區別。擁有一台COM一度是潮流的象徵。

大約一年前，夏美還很自豪地炫耀她和男友的情侶機，是個吸引目光的明亮粉紅色。然而，那樣鮮豔的塗裝也因為無數次撞擊牆壁而逐漸剝落。從COM的角度來看，它應該也覺得很莫名其妙。

想當初大家還在讚嘆「好可愛、好潮、好漂亮！」沒想到不到一年，這支手機就飽受無理的摧殘。這讓我聯想到寵物熱潮興起的幾年後，動物收容所因為飼主厭倦而棄養的寵物導致爆滿，這情況簡直一模一樣。我撿起可憐兮兮地躺在一旁的COM，拍掉灰塵、遞給夏美，但她卻不肯接。

「夏美也想要換智慧型手機，可是爸媽說現在還不可以。所以我就想，乾脆說手機壞了不就好了嗎？然後就把它泡在水裡、砸在地上，它竟然還是沒壞，真是氣死我了。」

「……它明明還可以用啊？」

「蜜柑柑，妳講話怎麼像個歐巴桑。」

「我的心智年齡可能真的是個歐巴桑吧。」

「哎，不要啦。我們要身心靈永遠18歲。」

「那妳想去吃可麗餅嗎？像個18歲的人一樣。」

「好啊，吃完可麗餅，我們再去手機店玩看看智慧型手機。」

「智慧型手機真的有那麼好嗎？」

「我不想被拋下呀，我想跟大家一樣，也不想要別人覺得我很土。跟別人不一樣就跟死了沒兩樣，夏美還不想死啦！」

就在這時，我手裡的手機突然響了起來。如果把它擬人化的話，它就像阿諾．史瓦辛格一樣彪悍，無論是水刑還是拷問都奈何不了它，雖然外表可愛，但內心堅韌。

「是我男友！」夏美驚呼，一把搶過我手裡的COM，頭也不回地走出了教室。被留在教室一個人的我，打開包包，拿出了自己的……折疊手機。

我學夏美那樣稍微彎下腰，把拿著手機的手靠在髒兮兮的地板上，打算來個低肩投球，但卻遲遲扔不出去。我只是緊緊握住手機，假裝扔了一下，然後又把它放回包包裡。

這時候用力扔出去才是正確的18歲嗎？拜託，應該不是吧。我離開教室，管樂社演奏《藍色狂想曲》和操場上田徑社高喊「一二、加油！」的聲音震動著我的耳膜，我作為回家社的一員，為了完成我的使命，奔向了鞋櫃。

*

說到畢業典禮上演唱的歌曲，應該是《仰望師恩》和《螢之光》最為大宗吧。然而，在2013年3月，我們那屆居然帶著激情的舞蹈動作，唱了金爆樂團的《娘娘的》[4]，從母校畢業了。

雖然唱了什麼娘娘的，但這裡本來就是女校，就沒一個不娘的。與其說是娘娘的，倒不如說我們是一群英姿煥發的……母猩猩。熟悉這種場面的學校大概會這麼吐槽我們吧。

接著，我正式成為了大學生。

在落櫻紛飛的季節裡，我穿著不適合自己的正裝，化著生疏的妝容，為了彰顯氣勢踩著高跟鞋，踏著和剛出生的小馬一樣的步伐，終於抵達了開學典禮的禮堂。

坐在我旁邊的是進了同一所大學的小凜。

「蜜柑！謝天謝地，認識的人就坐隔壁，我本來還有點不安呢。」

「原來妳也會有這種想法啊。」

「什麼意思？我其實很纖細敏感的，如果旁邊的人不是熟人的話，我是睡不著的。」

4　金爆樂團為2004年成軍的日本視覺系空氣樂團，2009年以歌曲《娘娘的》成名，並連續4年登上NHK紅白歌唱大賽。

「喂喂喂……」

「用蜜柑的肩膀當枕頭！」小凜一邊說著一邊靠到我的肩膀上，我仔細觀察小凜的臉。

她把頭髮染成栗棕色，身上散發著花香，從偷偷摸摸不被老師發現的學生妝進化到真正專業的妝。而我臉上的色彩，怎麼看都像是七五三節的小朋友。如果再配上千歲飴[5]，那就更完美了。

「啊，蜜柑，妳ＯＫ吧？」

「嗯？」

她坐起身來，從口袋裡掏出一支智慧型手機。手機殼上是一個穿著水藍色禮服的公主。接著，她用拇指在螢幕上快速點了兩三下後，向我湊了過來，伸直了拿著智慧型手機的手。畫面裡出現了兩張臉。

「拍一張做紀念吧～！」

話剛說完，螢幕上的圓圈已經被按下，開始倒數3、2、1，我只好勉強揚起嘴角，擺出V字手勢。

快門結束後，小凜收回手，心滿意足地看著螢幕。

「我可以傳到 Facebook 上嗎？」

她用漂亮女生讓人難以拒絕的眼神攻勢看著我。當我一回答「可以」時，她立刻轉頭盯著手機一動也不動。

我儼然已經「沒有利用價值」了。

這讓我很不爽，所以我試著跟她搭話，但只得到一些敷衍的回應：「哦」、「是喔」、「嗯嗯」。我放棄和她聊天，環顧四周時，發現很多人像小凜一樣，伸長拿著智慧型手機的手在拍照，快門聲此起彼落。還有不少人握著手機，彷彿石化了一樣……

5 千歲飴，日本在慶祝孩子滿三歲、五歲、七歲的七五三節時，家長為了祈求孩子平安成長而給他們吃的一種糖。

智慧型手機的普及率真的好高啊……！

「升上大學就換智慧型手機」似乎不光是只是我周圍的人而已。在我斜前方的座位上，有個說話摻雜著方言的女生，一看就是從鄉下來的，她手裡也拿著智慧型手機。我也想回覆朋友傳來的訊息，但我實在是不敢從爸媽送我的 ANNA SUI 包包裡拿出折疊手機。

Q：為什麼？

我歪著頭想這個問題，但一時半會也答不上來。

我的頭還歪著，開學典禮就開始了。

一遍又一遍聽著「恭喜大家入學」這句話，還有女子大學特有的「勉勵大家努力讀書，成為優秀的成年人，未來當個賢妻良母」這種過時的祝詞，我繼續思考著。

在不知道第幾次的「恭喜入學」後，我歪著的頭終於回到了原位。

A：因為我覺得很丟臉。

丟臉？有什麼好丟臉的。

我又不是全裸，也沒有搞砸什麼事。但我摸自己的臉頰卻燙得火辣辣的。

我對於自己使用折疊手機而感到羞恥。

到底是為什麼!?這又沒什麼好羞恥的。路上也是有人還在用折疊手機呀。

可是，在那個瞬間，我出自本能的感到羞恥。原本以為只會在美國名流間流行的智慧型手機，普及到日本甚至是全世界，折疊手機顯然正在逐漸被淘汰。若是因為這樣感到「丟臉」未免也太誇張了吧。

然而，在手機品牌的廣告裡，總是會出現「你還在用折疊手機嗎？」「你要用折疊手機到什麼時候？」等廣告標語，電視綜藝節目裡也常常有拿智慧型手機的搞笑藝人調侃拿折疊手機的搞笑藝人，惹得大家哈哈大笑的畫面。這難道是來自智慧型手機的圍攻嗎？這股「拿折疊手機很丟臉&該換智慧型手機」的氛圍，彷彿和氧氣、氮氣、二氧化碳混合在一起，雖然看不見，卻無處不在。這讓我不禁焦躁起來。

我完全沒趕上這波潮流。

隨著大學生活的開始，那股氛圍變得更加濃烈……簡直是逼人而來。

例如，LINE的群組。

大學班上大約有40人。大家簡單自我介紹後，有人提議「要不要建立一個LINE群組」，拿不出智慧型手機的人，包含我在內，只有兩個人。僅僅5%。

「什麼？妳不是智慧型手機嗎……？啊，那就給我妳的信箱吧！信箱也可以的！告訴我吧！」

被提名為班長的女同學，聰慧美麗的臉上帶著錯愕說道。

在其他拿智慧型手機的38個人的注視下，我在紙上寫下了我的信箱。

四周投來的目光非常刺痛。雖然大家嘴巴上沒說，但眼神已經透露出心聲：「用智慧型手機一下子就能搞定的事被妳弄得這麼麻煩……」

比如說，社群媒體。

無論是高中同學，還是大學新交的朋友，個個都用智慧型手機把社群媒體玩得得心應手。

雖然我也會用電腦和折疊手機玩社群媒體，但智慧型手機的APP讓操作變得非常簡單，使用智慧型手機的朋友們在社群媒體上更新的頻率是我的好幾倍。而智慧型手機裡的世界也與現實生活接軌了，它不再只是一個存在於螢幕裡的獨立世界。

在學生餐廳裡，大家本來還在聊剛剛的課或熱門的電視劇，忽然有人說：

「對了，我之前看到妳在Facebook上傳了……」這時，現實和智慧型手機這兩個獨立的世界瞬間連結在一起了。

「啊！我也有看到。那間店在哪裡呀？」

「對了，照片裡拍到的是妳男友嗎？」

這時候，我這個沒有社群媒體的人就完全跟不上話題了。

當有個人說：「等等！蜜柑沒有用Facebook耶。」的瞬間，我就像是個麻煩的存在，得有人向我解釋：「就是前幾天的時候……」原本熱絡的聊天節奏就像是被潑了冷水一樣，搞得我很不好意思。

對於自己不是智慧型手機的羞恥感與日俱增。即便這樣，我還是沒有打算要換智慧型手機。

雖然我也不知道具體原因是什麼，反正就是不喜歡。我只能說有一種深不可測的恐懼感，或者說我的本能在抗拒它。其實折疊手機的功能也已經夠我用了。

每個人都在上課時偷偷在桌子底下看智慧型手機。尤其是在大教室裡更顯眼，如果坐在後面的位子，就會發現桌子下方有著像螢火蟲般閃爍的四方形亮光。大家熟練地用右手握著筆，認真地看著黑板，再趁老師不注意的時候，看看社群媒體、玩玩遊戲或看看影片，看得出來他們玩得很開心。

照理來說，雙手放在課桌上專心讀書才是學生該有的樣子，但現在的學生，或者說是大多數學生，更專注在怎麼騙過教授，假裝自己很用功讀書。

＊

七月，當我逐漸適應大學生活的時候。

下課後，班長叫住了我，劈頭第一句話就是：

「忍足，妳不換智慧型手機嗎？」

什麼？

「不好意思，我說得比較直接……就是關於班級事務的聯絡方式。」

停課通知和教室更動都是她負責寄信通知我的。

「其他同學都是在ＬＩＮＥ群組裡通知完就搞定了，可是妳沒有用ＬＩＮＥ……我還得另外發一封一模一樣的內容給妳，我自己也有打工的事情要忙，所以有點負擔……」

她小心翼翼地選擇措辭的樣子，讓我感覺自己被罪惡感狠狠地重擊了一拳，但我沒有任何力氣反擊。

「我記得除了我之外，還有一個用功能型手機的女生……那她呢？」

「喔……她好像休學了。」

怪不得最近都沒看到她。

這麼一來，全班就只剩我一個人還在用功能型手機。讓班長為此多費心，我實在是過意不去。

羞恥感再加上罪惡感，我不得不舉白旗投降。我束手無策了。我的臉皮也沒有厚到可以說出：「寄信不就是複製貼上再寄出就好了。」

也許，在我內心的某個角落，我是鬆了一口氣的。

雖然我不是發自內心想要換成智慧型手機……但這麼一來，我就可以成為多數派，不會被排擠，還可以跟上大家的話題。我覺得這個契機終於降臨了。當我跟班長說：「我會盡快換成智慧型手機的。」她只是說：「對不起啦。但妳看，這是時代的潮流嘛。」然後就把責任推卸給了「時代」這個沒有實體卻支配著人們的怪物。

「沒事的、沒事的。大家都在用智慧型手機嘛。」

第一次接觸智慧型手機時，灼人眼球的強光和艱難的打字體驗所帶來的第一次衝擊深深烙印在我的腦海裡。還有看見整個教室的人就像被手機劫持一樣沉迷在掌上的畫面裡所感受到的恐懼……簡直就是第二次衝擊。我只能用憑空冒出來的毫無根據的自信一層一層地覆蓋過去。

兩年過去了，如果大家還停留在第一次衝擊的印象，智慧型手機絕對不可能如此普及。

幾天後，我終於迎來了我的「智慧型手機初體驗」。

我向那支擁有深厚情感的折疊手機告別了。

那支再也不會亮起螢幕的手機，已經完成了它的使命。就像家人去世了一樣，它看起來那麼地安詳平靜。很難以置信，可是它真的「死」了。就這樣死了。我此刻的心情，簡直就像《TOUCH鄰家女孩》中的上杉達也。

我的腦裡同時充斥著「居然敢對我的手機這樣……！」的激動情緒，還有像是拿到了世界史裡學到的杉原千畝發放的救命簽證一樣，有種「這樣我就可以和朋友一起過集體生活了。智慧型手機就是友誼的象徵啊……」如釋重負的心情。

接著，我摸到了店員面帶笑容地遞過來的智慧型手機。美麗、精緻、充滿未來感的機身。一想到這個東西即將成為我的所有物，剛才那股激動情緒已經消失無蹤，取而代之的是一股越來越高昂的興奮感。

所有手續辦理完，我意氣風發地離開手機店，來到星巴克，啜飲著冰印度

哦哦—
這就是
智慧型手機……
亮晶晶

奶茶，一一傳訊息給那些平時老是對我說：「妳還沒換成智慧型手機嗎？」「快換智慧型手機啦。」「繼續用折疊手機太丟人了。」的朋友。

當我按下側面的突起處時，這個長方形物體瞬間釋放出耀眼的人工光芒。

「哇，好刺眼！」

那道光就像仙人掌的刺，刺痛了我的眼睛。但當我抬頭環顧四周，發現大多數人都對這道光芒不以為意，只是專注地盯著。

輕點郵件的圖標後，撰寫介面便跳了出來。螢幕上出現了一片空白的正文區和文字面板。

我深呼吸一口氣。來吧，放馬過來。

我用指尖在面板上輕點幾下。

忽然想起小凜曾經做過的動作，於是便試著滑動手指，這就是所謂的「滑動輸入」吧。不過，打字過程卻不如想像中的順利。打出來的文字亂七八糟的。

「好酒不件！我換知會型首機了！！！！」

我看著明亮的螢幕，至今為止推動著自己的那股莫名自信一下子就崩塌了。我臉上浮現出縱向的線條，苦笑了一下。即便過了兩年，我的粗手指還是那麼笨拙，似乎還是無法適應智慧型手機。

我突然很懷念手機的實體按鍵和電腦的鍵盤，覺得它們非常可靠。

但現在，它們都不在我的手裡了。昨天還在使用的那支手機，現在也已經無法再使用了。

冰涼的印度奶茶甜味讓我的蛀牙隱隱作痛。

20歲

智慧型手機＝心臟，有問題嗎？

Chapter 02

說實話，我曾經認為自己無法掌握智慧型手機的操作，沒有資格稱作現代人……但沒想到，我一下子就深陷其中了。

真的就只是轉眼間的事。可能是因為我比別人晚一點才開始用智慧型手機，就像是滾下坡一樣，徹底成為了智慧型手機的俘虜。

我馬上就明白了為什麼大家都目不轉睛地盯著手機。對我來說，它就像是魔法道具一樣。

智慧型手機一機在手，萬事皆有。只要安裝一些APP，無論是社群媒體、遊戲、即時新聞，還是店家折扣優惠券，統統搞定。而且，無論身處何地，只要想到就能馬上連上網路。

最初感受到的難用被便利和樂趣所取代，當我能熟練掌握智慧型手機的操作時，我已經完美地融入了這個時代，成功達到現代人的合格標準。

滿分！一百分！

以前沒手機也能過得好好的，一旦擁有了，就再也離不開它了。沒有智慧型手機就活不下去了。

便利、娛樂和快感，這對人類來說是無敵的。

那當然是無敵的，簡直是所向披靡。

剛開始用智慧型手機的時候，我真的認為自己無法掌握液晶螢幕上的文字鍵盤，我的大拇指還在懷念折疊手機的實體按鍵。

然而，只用了不到三天的時間，我就完全掌握了「滑動輸入」的技巧。

大拇指和實體按鍵的戀情終於畫下句點，開始與觸控螢幕展開了一段熱烈又甜蜜的邂逅。

首先，我開始用了LINE。

這樣一來，班長就不會在班級事務聯絡上浪費多餘的時間和精力了。

而且，透過文字進行那些即時又細碎的對話，竟然也挺有趣的。

畢竟我們沒有辦法24小時都和朋友待在一起。大家有社團活動，還要打工。每次獨處時，我總會開始擔心——萬一有人在背後說我壞話怎麼辦？萬一我被孤立了怎麼辦？

只要LINE的通知一響起，雖然只是暫時的安慰，還是會感到一絲安心。雖然從客觀的角度來看，我是孤單一人，但我不這麼認為，在智慧型手機裡，我是與別人相連的。

在朋友邀請我加入的各種LINE群組中，每當收到訊息通知，我就會立刻已讀，馬上回覆。我的回覆速度堪比機關槍，如果對方回得很慢，我就會感到焦躁。要是對方「已讀不回」，我會氣得直跺腳。雖然沒有打字傳送出去，但我會盯著螢幕罵人。

「到底在幹嘛呀!?今天沒有社團活動，也沒有專題討論的吧！」

如果被已讀不回，我甚至還會在心裡咒罵：「居然讓我感到孤獨，去死吧！」我的怒火已經超越了人類的範疇。我的眼睛死死地盯著螢幕眨了眨，心中充滿煩躁不安。

這種規則當然也適用於我自己，秒回（立刻回覆）是基本原則。要是沒跟上，就會覺得自己被丟下了，彷彿自己犯了什麼大忌一樣。所以我幾乎時時刻刻都緊握著手機，對通知音格外敏感。常常以為自己聽到通知音了，急忙去查看，結果只是幻聽而已。

後來，朋友透過LINE邀請我玩流行的手機遊戲。

我是個完全不玩遊戲的人，小學的時候只玩過一些《寶可夢》和《瑪利歐》而已。

國中時，有一款很熱門的RPG遊戲，我也曾經試過，但太難了，不管怎麼努力都還是卡在新手村裡，一步都走不出去，連冒險都沒開始過。於是，我沒能成為拯救世界的勇者。當朋友傳訊息說：「這個遊戲很好玩！蜜柑也來玩嘛！」

我原本還滿消極的，還回覆：「我玩電子雞都能兩天就養死了，也解救不了碧姬公主，根本不適合玩遊戲。」

但朋友像傳教或推銷保險一樣不斷邀請我，既然她都說到這個份上了，我便決定安裝遊戲玩玩看。

遊戲本身確實滿簡單的，是一款不需要訓練角色進行戰鬥，也不需要記○△→↓→等指令的益智遊戲。

實際上，就是用指尖在螢幕上滑動，將出現的各種角色連接起來消除掉。就這麼簡單。

明明只是這樣的遊戲，我卻開始想追求高分，想挑戰遊戲排名，想完成遊戲內的任務來獲得稀有的物品，非常沉迷於遊戲中。

每局遊戲大約一分鐘。而一次最多可以連續玩五局。

超過五局後就無法繼續遊戲，必須等半小時才能恢復一局的遊玩機會。

每當等待時間倒數計時的數字出現，我就會想著：「還有五分鐘就能再玩一次……還有三分鐘……一分鐘……五、四、三、二、一！」然後再一次投入遊戲，等待下一輪的倒數，無止境地重複著。

有些朋友甚至在遊戲中課金了。我聽說課金後可以不用等待就能繼續玩，心裡是有些羨慕的，但還是告訴自己：「我也沒有那麼沉迷。」嘴巴上是這麼說，每天還是一次又一次地等待倒數計時結束。

每當看到畫面上的高分、完成任務的文字，或者看到自己抽到的稀有角色對著我微笑，那種幸福感就會蔓延到我的心底和大腦。

那是腎上腺素？血清素？多巴胺？還是什麼？高中時聽過的「感到快樂時的快樂物質」的存在，如今真切地感受到了。

後來，我也開始使用社群媒體。

以前我只用過部落格、mixi、前略[1]等，但現在有Twitter、Facebook、

1　前略是2004年推出的日本個人檔案網站，於2016年9月30日終止服務。

Instagram等，選擇多元也更方便。透過APP，我可以更輕鬆地進行各種操作，還有那些只有在APP裡才能體驗到的獨特功能和直觀的介面也非常有吸引力。

SNS上有各式各樣的人。除了我這樣的大學生以外，還有許多過著其他生活方式的人。能夠與和自己生活方式不同的人交流，這也是SNS的魅力之一。

有些人是在夜深人靜時才活躍，有些人則是在清晨時分才開始。無論什麼時候，河道上總是有人，這讓我感到很安心。

我第一次上傳的內容，至今仍然記憶猶新，那是我在大學附近的一家朋友們常去的咖啡廳裡拍的蛋糕。

那裡的蛋糕是以年輕女性為目標客群，有兔子和熊的造型，甚至連餐具都很可愛，拍起來非常上相。

在點蛋糕的期間，我已經註冊好社群媒體的帳號。畢竟我以前用過mixi

和前略，註冊帳號和設定密碼對我來說不是什麼很繁瑣的過程。

一註冊好帳號後，大家就紛紛湊上前說：「快點追蹤我！」於是我也馬上追蹤了她們。可是，一看大家的追蹤者人數，動輒超過上千人，但我卻只有眼前的四人，心裡不禁有點焦急。

「讓您久等了。」

蛋糕端上桌了。雖然看起來很好吃，但沒有一個人馬上動手。每個人都先拿起手機拍照。

「手機應該朝桌子直的拍還是橫的拍呀？」

「哪個角度拍起來比較好看？」

「我覺得比起單拍蛋糕，拍出和朋友在一起的氛圍感覺會更好。」

接著，一個人當起攝影師，其他人則在蛋糕前比出勝利手勢。

拍完這一輪後，大家又開始幫蛋糕單獨拍照。

雖然蛋糕的味道不會那麼快就有變化，不過就算是那種五分鐘內不吃就會變味的食物，我想大家還是會這麼做。

只要能被鏡頭記錄下來，味道、風味、賞味期限都變得不再重要。

「我來修圖，大家如果要上傳就用這張吧！」

朋友迅速將有拍到人臉的照片修了圖，我也立刻上傳到了社群媒體。

馬上就得到了反響。

雖然那些帶著愛心圖案的「按讚數」就是來自眼前的幾位朋友，但我的心還是忍不住雀躍了起來。

「按讚數」指的是對你追蹤的朋友所上傳的內容做出回應。收到越多「讚」就代表受到越多人的關注。

當我看見愛心旁的數字4時，居然有一瞬間產生了「啊，我活著還是有意義的。」的想法。

＊

從那時起，我越來越沉迷在社群媒體上傳東西。每當收到來自朋友以外的人的「讚」，那種前所未有的快感，讓我垂涎欲滴。

我的自我意識低下，覺得自己長得很醜，沒有什麼特別的才華，腦袋也不怎麼聰明，但卻非常渴望得到別人的認可。說白了，我就是那種消極的自戀者。

在還是折疊手機的時代，我會在社群平台上傳自己畫的圖的時候補一句「雖然畫得不好……」或是上傳拍貼的照片時補一句「雖然很醜……」、「比較醜的那個是我。」急切地希望得到螢幕另一頭的朋友回應：「怎麼會呢～別這麼說呀～」

既然我是這樣的人，自然無法抗拒智慧型手機上可以獲得來自世界各地評價的社群媒體。

在這裡，想要偽裝得多美都沒問題。

先安裝一個能讓照片看起來超漂亮的相機APP，我還買了一根自拍棒。

找個美麗的風景、罕見的地方或是人來人往的熱門遊樂園，大家站在自拍棒下，比出勝利手勢，再從拍完的一堆照片裡挑出最好看的一張。然後把眼睛修得像外星人一樣大，把皮膚調到白得能透光，然後上傳。皮膚變得更白、臉蛋變得更瘦、眼睛變得更大，將經過大幅修圖上傳，再配上一句「雖然很醜」。

馬上就會收到一堆讚或是「很可愛呀。」「哪裡醜了？」這樣的回應。讚這個功能真不錯，現實生活中根本不會有人這麼誇我，只有在螢幕裡的我能得到這麼多人的喜愛。我透過讚找到了存在的價值。

就算是畫面上的一個評價，哪怕只是一句簡單的留言，都會讓我很高興。快感，這就是快感。

記得以前看過爸爸喜歡的一部昭和電影，裡面有個穿著水手服的女孩一邊開槍一邊嚷著「快感」。沒錯，就是那種感覺。

被憧憬、被羨慕、被讚美，真的是一種快感。

快感！
和朋友吃飯
讚喔♥
很棒耶♥
好可愛！
很可愛
呀♥
讚♥
哪有醜啦。
可愛～
讚♥
我真棒✧
蹦蹦跳跳

不過，要做到這些並不容易。沒有得天獨厚的優勢或罕見的才能是無法擁有的。

但只要手機在手，連天賦這種超難跨越的障礙都能打破，美貌也能輕鬆製造出來，讚美和羨慕自然也能到手。

它滿足了我在現實中永遠無法獲得的那份對認同的渴望。

大學生，也就是年輕女生在社群媒體上追求的究竟什麼呢？時尚、明星、甜點……總之，就是為了得到更多讚而打造出的自己。

今天我做了一頓很上相的早餐，盤子裡有卡通人物造型的飯糰、冷凍的微笑薯餅和香腸。雖然食物都快涼了，我還是興致勃勃地從各個角度拍照。不光只是拍食物而已，我自己也要入鏡。反正之後都會修圖，素顏也沒關係。

衣服倒是要挑可愛的，為了不讓照片看起來像明顯的自拍，我架好手機，設定好計時器。然後端起盤子對鏡頭微笑。

我平時都會看影片、滑新聞、期待插圖APP每天更新的排行榜。在看電視的同時，也會在社群媒體上搜尋節目名稱的標籤，嘗試用文字寫下自己的感想。看電影的時候也會在腦海裡琢磨怎麼將感想濃縮成140字。

逛完一圈社群媒體，接下來要看個影片呢？還是聽個音樂呢？或是玩個遊戲呢？

盯著螢幕的我總是告訴自己：「再多一個追蹤者、再多一個讚，我就關掉畫面。」但要關掉畫面時，又不自覺地把手機畫面點亮了。

智慧型手機逐漸成為我身體的一部分。彷彿它原本就是從我手心裡長出來的一樣。

某天早上，我一睜開眼，發現自己手裡握著手機。我才意識到自己睡著後，居然在「萬一有人上傳了什麼東西」的強迫症驅使下，繼續握著手機。

儘管有些疲倦，我還是舉起緊握的手機，開始查看半夜裡錯過的河道。

最近的我甚至連覺都捨不得睡。

在我睡覺的期間，社群媒體的河道還是在不斷更新。

我一旦睡著，錯過的事情就會一件一件增加，也不能及時按讚。萬一有人在背後說我壞話怎麼辦……這些想法驅使著我繼續滑動大拇指。

然而，河道上並沒有新增多少內容。只有朋友在半夜發了當時正在播放的海外影集的感想。

我馬上按了個讚，然後才起身。

*

某一天，只有第一堂有課的日子。

大家都已經到齊了，上課15分鐘後，學務處的人才來通知說：「教授閃到腰了，今天停課。」

好不容易都出門一趟了，就這樣回去也有點不甘心，又不想隨便找個地方打發時間，這就是19歲的心境。於是，我一時興起，決定和朋友小春一起去遊樂園。

在排隊等雲霄飛車的時候，小春突然對我這麼說。

「蜜柑妳真的是手機成癮耶。」

「……什麼？」

「說妳手機成癮啦。」

確實，我現在手裡正握著手機。

而我也正在把剛剛吃的遊樂園角色造型冰淇淋、前面搭過的旋轉木馬、再前面搭過的摩天輪，還有更前面搭過的咖啡杯的照片，通通都上傳到社群媒體上。

「成癮？沒有吧，我也不算成癮吧。大家不都會這麼做嗎？」

「不，說真的……我覺得妳就是手機成癮了。」

小春一臉認真地看著我，像個蹩腳演員一樣用戲劇化的口吻說道。

「妳入園以後在社群媒體更新幾篇了？說來聽聽。」

「呃？唔……大概是搭過的遊樂設施和吃過的食物的數量吧。」

「等等，我們已經搭過好幾個遊樂設施，吃了午餐，又吃了吉拿棒，還吃了冰淇淋……」

「還有入口那個門……車站前面，還有那個布偶裝。」

「妳每一張都上傳了嗎？」

「嗯，對啊。」

「看吧。手機成癮！」

她像足球比賽中裁判出示紅牌那樣指責我。

不不不，等一下。我怎麼可能是手機成癮呢！

一定是她用自己的標準來衡量我才會那麼認為的。

小春明明在高中的時候早早換了智慧型手機，但她既不用社群媒體，也不玩遊戲，甚至連ＬＩＮＥ都沒有，所以我們到現在還都是傳訊息聯絡。

每次一起去吃飯的時候，她也會拍下食物的照片，但無論照片拍得多美，她都不會上傳到網路上。

「既然不上傳到社群媒體，那拍這些照片要做什麼？」

當我這麼問她時，她給我看了一本剪貼簿，裡面貼滿了照片，還有她親手畫的插圖和文字。

「我不需要讓全世界的人看到呀。跟家人或朋友見面的時候，我可以這樣直接給他們看，親口告訴他們就好。」

聽見她這麼說，讓我有點難以置信。

此外，每次我提議要拍照的時候，她總是很抗拒，會用手或包包遮住臉作為抵抗。

即使我死纏爛打說：「就作個紀念嘛！」「難得見一面，就拍一張嘛！」終於讓她勉強答應拍合照，她也會堅持說：「絕對不可以上傳到社群媒體上。」所以我總是感到很鬱悶。

因為我就是想在社群媒體上分享自己和朋友一起玩的樣子呀。

只上傳食物的照片也可以，但總覺得會多了一點不確定性。

如果別人以為我是跟媽媽來的怎麼辦？如果別人以為我一個人點了兩人份的餐點怎麼辦？

所以，還是得讓那些不認識我的人看了能確定我真的是跟朋友在一起，也要讓現實生活中的朋友看了想說：「哦，原來蜜柑和小春一起出門呀。」這樣才行。

不過，如果是有出現在照片裡的小春說不行，那就是不行。畢竟還是要考量一下肖像權的問題。

曾有一次我真的差點偷偷上傳。反正小春不知道我社群媒體的帳號，只要不說就不會被她發現。

但在按下送出鍵的前一刻，我打消了念頭。

當時我的食指和手機螢幕距離不到兩公分，只要輕輕一點就會送出了。之所以打消念頭，是因為不想讓這件事葬送了這段友誼。

而且，最近的新聞經常報導在便利超商打工的店員把自己塞進冰淇淋冷凍櫃的照片上傳到社群媒體的愚蠢行為，在某種程度上成為了我的反面教材也說不定。

「我真的沒有手機成癮。」

「再過一陣子，妳沒拿著手機，手就會開始抖了。」

「都說了我沒有成癮啦！」

環顧四周，還有更多、更誇張、更嚴重的手機成癮者呢。

有些人把打工賺的大部分錢都花在遊戲儲值上，整天盯著社群媒體看，連吃飯的時候也離不開手機。

我還沒到那種程度，如果我想戒掉，隨時都能戒掉，我有這個自信。所以，沒問題的，真的沒問題。

在雲霄飛車上放聲大叫後，小春就再也沒提起這個話題了。

但我依然習慣性地把每個地方、每個遊樂設施、每個吃過的食物、每個吉祥物拍下來，上傳到社群媒體。

然後看著收到讚的通知，還有手機上顯示的「好好喔」、「看起來很好玩耶」、「好羨慕啊」的留言，我的心裡感到很滿足。

＊

「早安。」「我做了早餐。」「今天要交的報告還沒寫完。」「我去上課啦～」「我在星巴克喝茶。」「好想睡覺。」「課好無聊啊。」「肚子好餓。」「好猶豫中午要吃學餐還是買麵包喔。」「放學了！」「我要去打工了！」「下班了。」「電車好擠啊。」「我到家了～」「去洗澡吧。」「我正在看《週五 Load SHOW》。」「晚安。」

如果不發個動態的話，我怕按讚數和追蹤者人數都會減少，簡直成了強迫症，所以我就像呼吸一樣頻繁地在社群媒體上不斷說話。

我現在人在這裡，我買了這個，我吃了這個。再附上照片。

即使只有自己一個人，也不覺得孤單，反而讓我覺得很安心，也可以說智慧型手機就像是我的精神安定工具。

剛開始，我覺得自己終於和大家一樣，能和朋友們保持聯繫，心裡滿滿的安心感。但當追蹤者人數達到三位數的後半段時，我開始在想這根本就是一場戰爭。

為了增加新的追蹤者，我一直拚命努力。我會回顧標籤，順便去查看別人的帳號，給那些有可能會追蹤我的帳號按讚。

比起自己主動追蹤別人，我發現被別人追蹤更有成就感，所以我總是想方設法地讓別人來追蹤我。後來聽說追蹤者人數可以用買的，我還一度猶豫要不要試試看。

也許我正在進行一場戰鬥，但對手又是誰呢？或許是討厭自己的心情，或許是那股無止境的渴望被認同的心情。

能夠不被按讚數束縛，輕鬆愉快地使用社群媒體的人，簡直是稀有物種。

我已經回想不起來沒有智慧型手機的日子是什麼樣的，難道我不是一出生就握著智慧型手機的嗎？與其說是我……不如說是所有人類。對我來說，手機是我的命脈、我的心臟。

如果忘了帶充電器出門、手機在外面沒電，甚至是手機壞掉的時候，那簡直是地獄。在我的腦海裡，「死」這個字就像霓虹燈招牌一樣閃爍，亮得刺眼。

有一天，星巴克推出了新口味的星冰樂，我當然是迫不及待地想要「拍照」！於是急匆匆地點了一杯，跑到窗邊的座位坐下，掏出手機準備拍照……結果螢幕卻沒有亮起來。

「咦！什麼？手機壞了嗎!?」

我驚慌失措到旁邊的人都嚇了一跳，心臟大概停了五秒鐘。

我沒有在誇飾，真的感覺心臟停了一拍。那一瞬間，我彷彿去了一趟地府，對著閻羅王嚷道：「我在這種地方要怎麼用社群媒體啊！現在可不是死掉的時候！」發了一頓火又回到了現實世界。

不拍照、不上傳到社群媒體，這些都不在我的選項範圍內。

我動了動空空的腦袋，決定先把手機收起來。然後拿出為了大學社團活動而隨身攜帶的數位相機，咔嚓咔嚓地拍了幾張。

但僅僅拍照並不能消除內心的不安……就像心臟被人緊緊攥住，被惡魔粗糙的舌頭舔來舔去一樣不適。冷汗久久未退去，呼吸困難也遲遲未緩解。整個人難受得不得了。

我把星冰樂一口氣喝完，還沒來得及擦掉嘴唇上的鮮奶油就飛奔到網咖。

我坐到電腦前，插上數位相機的ＳＤ卡，從追蹤者人數最多的社群平台開始一一登入，上傳了「喝了新出的星冰樂♥」並附上照片。

更新完好幾個帳號後，心裡的那股不安終於消散，冷汗止住了，呼吸也順暢了。但同時冒出一個疑問：「奇怪？星冰樂好喝嗎？是什麼味道來著？」無論怎麼想也想不起來。

我愣愣地盯著螢幕。這時，出現了一個留言「看起來好好喝！好羨慕！」那應該就是好喝的吧。

我懷著滿足和幸福感走出網咖，然後前往手機店送修手機。

如果我沒有用社群媒體，恐怕會因為過於寂寞而死掉，或是滿腦子都是對認同的渴望沒有被滿足到，感覺腦袋隨時都要爆炸。

我不需要現實生活中那個擁有真實姓名、沒人羨慕又無趣的我，我只想要在社群媒體上那個能讓人羨慕的自己，只有那個才是「我」。

每當我分享和男朋友約會的照片時，總是會收到一堆讚。雖然也會因平台而異，但分享幸福的時刻顯然可以收獲更多的稱羨。那些恩愛的明星夫妻或情侶，每張照片都能收到成千上萬的讚。

這正是我所欠缺的。

意識到這一點以後，我甚至開始上傳一些看起來像是和男朋友約會的自拍照。

其實我以前一個人去咖啡廳的時候，會點兩人份的餐點，然後把對面的空位也一起拍進去，再配上「和朋友喝下午茶♥」的文字上傳。

我也會假裝和男朋友約會，仔細調整自拍定時器的角度，每一毫米都不放過，就為了演出自己和某個人一起度過快樂時光的模樣。

一切都是謊言，但這就是現實。

社群媒體只不過是一個讓我自己當負責人、編劇、導演、主角、配角、燈光師、道具師、造型師來自導自演的劇場罷了。想盡辦法隱藏自己的缺點，只讓聚光燈聚焦在優點上，就為了得到那些讚。

為了讚，為了證明自己的存在，我什麼都願意做。

我也曾經猶豫過要不要專門雇用一個人來扮演朋友或戀人的角色，輔助我拍這些上傳到社群媒體的照片。

我一直在思考怎麼樣才能迅速增加追蹤者人數。可以是甜點，也可以是可愛動物，甚至是變成另一個人的自拍也可以。可是這些事情大家都在做，已經沒有新鮮感了。

有沒有什麼能夠迅速增加追蹤者人數和按讚數的方法呢……

就在我四處摸索的過程中，我的目光落在了流行服飾店上。

我突發奇想，或許也可以穿這些最新款的衣服拍照上傳呀。於是，我抱持著玩換裝娃娃的心態，拿著一整籃的衣服走進試衣間，換一套拍一張，再換一套再拍一張。就這樣不斷重複，最後什麼東西都沒有買就離開了店。

我一邊喝星巴克推出的新飲品，一邊更新社群媒體。我標註了店家的品牌標籤，把自己的臉修飾一番，再加上愛心貼圖後上傳。

不到幾分鐘，就收到了通知。來自一個陌生的帳號。

我本來以為會是「好漂亮」或「好羨慕」之類的留言……結果完全不是。

「穿沒結帳的衣服拍照上傳跟偷竊有什麼兩樣，妳這個討讚乞丐。」

是的，我確實違規了，這樣很不道德。畢竟我沒有購買，卻還得意洋洋地假裝成自己的衣服拍照上傳。如此確實很不妥，只要冷靜想想就能明白這一點。

可是我當時還是感到非常惱火。

「啥？」

那些是我辛辛苦苦搭車、換車，去一家漂亮時尚的服飾店拍的照片，我實在是捨不得就這樣刪除貼文，所以我就封鎖了那個留言的帳號。

我以為這樣就不會再收到奇怪帳號的留言了，但很快又收到了通知。

這次是來自追蹤者的提醒：「蜜柑，這樣做不好喔。」

現在回想起來，會有這樣的留言也是合情合理的，畢竟錯的人是我。而我卻惱羞成怒，覺得對方莫名其妙。當時的我對於按讚數渴望到了無法自拔的地步。

「我好不容易發了一篇可以增加按讚數和追蹤者人數的貼文，別來攪局啦……！」

我拿著手機，迎戰接二連三湧來的批評。

沒錯，我在社群媒體上引起了小小的風波。

雖然輿論的火勢不像那些明星一樣猛烈，但總是有喜歡看熱鬧的人，紛紛向這個違反禮儀的蠢女人的帳號扔更多的煤油和汽油彈。

我面對留言一個一個回覆，就像拿著滅火器拚命撲火。

直到火勢平息，也就是一切幾乎燒成灰燼，圍觀的人群才散去，整整花了兩天時間。

＊

2016年，《寶可夢GO》成為社會現象的那一年。

當時我開始使用智慧型手機兩年，也換了新的機型，已經用到第二支智慧型手機了。

它擁有更大的螢幕方便看影片，而且大小適中，很好拿。手機殼是和朋友一起買的凱蒂貓款式。

這時候，智慧型手機的存在感又變得更強了。

2015年，智慧型手機的普及率已經達到67.4%，超過了功能型手機。的確，無論是在電車裡、街道上、咖啡廳裡，不管在什麼地方，每個人手上都有一支智慧型手機，功能型手機簡直成了瀕危物種。

足以驗證這一點的是，到處都能聽見「以持有智慧型手機為基本前提」的話語。

比如，許多企業推出了智慧型手機APP。在家庭餐廳或便利超商結帳，經常會被問道：「您有安裝我們的APP嗎？」當然，只要有需要，我會立刻安裝APP，開心地享受各種集點和折扣券的優惠。

接著，我開始了求職活動！來到了大學四年級。

穿上那套充滿角色扮演氛圍的求職套裝，參加校內的求職研討會，第一件事就是安裝求職用的APP並註冊帳號。

只要指尖輕輕一滑，就能查看成千上萬家公司的資訊，還可以看到現職員工介紹公司的照片或影片，也有應屆畢業求職者之間的交流平台，甚至可以直接預約說明會。不僅可以直接在APP上製作履歷和應徵，APP裡的QR碼還可以作為聯合說明會的入場券。

但仍然在使用功能型手機的人就得每次打開電腦，去參加聯合說明會還要提前把QR碼列印出來，非常麻煩。

智慧型手機實在是太方便了。經過求職活動後，它更加成為了無法割捨的物品。

我早上醒來的第一件事，不是洗臉，而是先打開手機。

接著，我會查看各個社群媒體的河道，對那些在我睡覺期間上傳的貼文按讚。吃飯時看影片，搭車時看新聞，空閒時間就找找店家的折扣券或優惠資訊。每當社群媒體的通知響起，我就會立刻打開查看。

當然，移動中也不例外。無論是搭電梯、搭手扶梯，甚至是走路時，我的手裡幾乎都握著手機，整天沒放下來過。

我還開始嘗試新的照片分享社群媒體，仍然熱衷於玩遊戲，還要時不時查看求職APP，我感覺我的手和手機已經合為一體。

某一天。

早上醒來，我的脖子和肩膀又痛又沉重。

就像是被一個帶刺的鐵項圈緊緊勒住一樣，稍微一動，就會無情地刺進脖子的根部。試圖起身或是邁出步伐這種輕微的震動，都會讓那條項圈再次狠狠地勒緊。

「這是什麼情況……」

我整個身體都感覺沉重又無力，就像是穿著衣服跳進游泳池後再爬上岸一樣。

肩膀更慘了！痛到感覺就像是有個三歲小孩坐在我的肩膀上。

眼前模糊不清，還有些噁心不適。

原因不明。我是被什麼人下了變成泥人的詛咒嗎？

解不開詛咒的我只好在去大學之前，勉強拖著虛弱的身體去一趟整骨院。

整體師劈頭就說道。

「忍足小姐，妳很常玩手機吧？」

「什麼？啊……你怎麼知道的？」

「妳姿勢不太好，還有……」

體格像橄欖球運動員一樣的整體師從側面仔細地上下打量我。

「妳這是典型的烏龜脖啊。」

「烏、烏龜脖？」

「對。脖子照理來說是彎曲的……也就是說，應該要有一點彎度，但烏龜脖的人……會頸椎過直，就是脖子變得很筆直。」

「這樣啊。」

雖然經常被人說個性扭曲，原來我的脖子是筆直的，那我真希望我的心也能變得一樣耿直。

從整體師的語氣聽起來，頸椎過直似乎不是一件好事。

「成年人的頭大約有5公斤左右，烏龜脖的情況，脖子承受的重量會達到20公斤，甚至30公斤。嚴重的話，可能會造成頸椎病或脊髓病，需要動手術治療。」

咦……什麼!?

可是，我們看手機的時候不是都會低著頭嗎？有誰會像小學一年級生看課本那樣，把腰桿挺得直直的、手臂也伸得直直的!?不可能有這種人啦！

而且，看看外面，大家都窩成一團低頭滑手機，之前我還在電車上看到有個女高中生把手機拿在肚臍附近的高度，整個脖子都彎成了90度，這樣下去她以後會變成怎麼樣呀!?

話說回來，大家都知道「烏龜脖」這個名詞嗎!?我這還是第一次聽說……!

「沒事啦，只要現在開始好好注意就好了。」

或許是看我因為千頭萬緒而陷入了僵直，整體師有些生硬地笑了笑，示意我躺到整脊床上，開始幫我按摩。

療程時間結束時，我那原本像一團爛泥的身體終於恢復到像土偶一樣的狀態。

雖然還是泥土製的，但至少已經能保持人形，算是有進步了。再多來個幾趟，我應該就能恢復成人類的狀態了。

「接下來要進行電療，請坐到椅子上。」

我坐上椅子，整體師在我的身上裝上像吸盤一樣的東西後，可以感覺到它開始輕微震動。

原來這就是電療啊。本來以為會感覺到電流傳來的刺痛，但其實還算可以忍受。

我深吸一口氣，伸手去拿放在腳邊的包包。

手機！我從剛才開始就一直好想滑手機。

睽違幾十分鐘碰到手機，我立刻打開相機，對著旁邊的人體骨骼模型拍了一張。

搭配上「我人在整骨院！」這句話，還加上了一連串的標籤：「#身體保養」、「#按摩超讚」、「#20幾歲就有肩頸問題」、「#舒爽」後，馬上送出。

雖然沒有原宿首度登日的甜點或璀璨的點燈吸引目光，但我心想去整骨院這件事本身應該很符合「愛自己的好女孩」的形象吧!?可說是完全不亞於香氛、SPA或有機療程吧!?正如我預料的那樣，我的社群媒體馬上就收到

忍足小姐
這邊請——
咔嚓
咔嚓
身體保養
#20 幾歲就有
肩頸問題(笑)
讚♡
拍什麼骨骼
模型啦，笑死！

了回應。

「讚！」

無論是現實中的朋友還是網友都按了讚，也陸陸續續收到留言：

「妳沒事吧？我也因為打工站一整天腳好痛～」

「為什麼要拍骨骼模型啦，笑死！」

開心。幸福。開心。幸福。

雖然長時間使用手機可能會變成「烏龜脖」還是什麼的，但我怎麼可能戒掉手機呢，這可是我的心臟啊。

反正只要這樣定期保養應該就沒問題吧。

整骨院一次大約500日元。少喝幾杯星巴克就可以了。

＊

我在大學和打工的空檔中，認真地每週去兩次整骨院。然而，脖子和肩膀的沉重感還是沒有消失。

在整體師的建議下，我嘗試過針灸、拔罐和矯正等治療方法。可是，不但沒有好轉，反而是眼睛開始模糊，總是覺得噁心，甚至太陽穴周圍也開始隱隱作痛。除了脖子和肩膀之外，其他部位也陸續出現問題。

最糟糕的是，我開始變得越來越暴躁。

就像午間劇會出現的歇斯底里的女人一樣，最近的我，簡直是無時無刻不在發火。只差沒有咬著蕾絲邊手帕大喊「氣死我了！」

比如，手機螢幕滑得不順，結果打錯字的時候。

比如，辛辛苦苦排隊三個小時，好不容易拍到的鬆餅照，結果按讚數只有個位數的時候。

比如，當我偷看別人的社群媒體帳號，明明內容很無聊卻得到很多讚的時候。

比如，不管怎麼努力，遊戲都打不到高分的時候。

比如，因為網速限制或 WiFi 環境不佳，影片看到一半卡住的時候。

比如，對方明明已讀卻遲遲不回訊息的時候。

比如，在大學裡邊走路邊滑手機，被教授提醒：「邊走邊玩手機很危險。」的時候等等，這些微不足道的小事都會讓我退化成動物。

說是動物，也不是可愛的小兔子、小倉鼠、小貓咪、小狗狗那些寵物，而是野獸……沒錯，就是野獸。

那種無法抑制的煩躁感讓牙齒發癢、爪子疼痛。無論是誰都想撲上去，將爪子插進獵物顫抖的身體，咬住他們的喉嚨。

高中教科書裡有一個故事，說的是主角變成老虎後與朋友重聚的情節，但變成野獸的我甚至連人類的語言都忘記了，我成了一隻緊握著手機的野獸。如果煩躁能夠殺死人，那我殺了人也不意外。

殺誰？當然是我自己。

真的很讓人煩躁，血管都快炸裂了。

但我卻還是盯著那支讓我暴躁的手機看。

我早已忘記第一次看到手機時那種「好亮」的衝擊感，現在凝視手機的程度幾乎都快要親吻螢幕了。

腦海裡那股像鐵絲一樣糾纏得亂七八糟的煩躁感，只需要一個讚就能夠緩解下來。可以是某個人的留言，也可以是新的追蹤者。只要再多拿一分，讓我看見閃爍的「恭喜」畫面就好。

一旦達成了，就會想要再多一分，再多一分就好，永無止境。明明是什麼都能辦得到的智慧型手機，卻什麼都不給我，根本無法滿足我。

不知不覺，時間就這樣流逝。幾個小時後，我再抬起頭來時，視線一片模糊，脖子疼痛，整個世界因為頭暈目眩而天旋地轉，頭痛欲裂。

追蹤者人數和按讚數都沒有增加。手機畫面上沒有任何進展，而現實中，只有我的健康狀況在一點一點地受損。

有時候會覺得自己很傻，也會對這一切感到無比空虛。一天之中，想把手機扔出去的衝動一次又一次地湧上心頭。

但我還是緊緊地握著手機，盯著螢幕看。

即使現在不順遂，說不定下次就會成功了。

也許下一次發文會得到更多的讚……也許下一次抽卡可以抽到我想要的角色……也許下一次我能打破高分紀錄……也許下一次、下一次、下一次……

我想起了某次的晨間綜藝節目上，一位賭博成癮的藝人曾經說過：

「我老是覺得下一次會中獎。明明是我平時坐的機台，如果在我剛好沒去的日子裡，讓別人中獎的話，心裡會很不甘心，所以我每天都去報到，就算輸錢也還是深信自己下次一定會贏錢。」

——蜜柑妳真的是手機成癮耶。

我的腦海裡又閃過小春說過的話。

不不不，我才沒有成癮。

大家不都和我一樣一直盯著手機螢幕看嗎？

退一步說，就算我真的算是成癮好了，那全世界的人也都是手機成癮啊。成癮才是多數派。比起少數派，活成多數派顯然輕鬆多了。不會有人對你指指點點說你「奇怪」，只要緊緊抱住多數派的大腿就好了。

感覺我現在對手機的負面情緒，說出來好像不太好。一旦說出口，它可能會像解開魔法的咒語一樣。會讓我變成不合時代的異類，失去當現代人的資格。

於是，我壓抑著內心的情緒，說服自己正在享受手機的樂趣，不斷下載安裝新的社群媒體和熱門遊戲，還訂閱了好幾個影音平台的頻道。

可是，還是不行。

我一邊按著麻木的脖子和凝重的眉頭，一邊心裡又想大喊出那些不能說出口的話。

怎麼辦……怎麼做才能讓內心平靜下來……我滑動手指，一邊尋找看起來不錯的ＡＰＰ，一邊踏上電車。

我倚靠著車門，隨手安裝了一些評分較高的ＡＰＰ，結果電車突然晃動。我久違地抬起頭來，看到了七人座的座位。

無論老少，大家都在盯著手機……突然，我看見正中間坐著一位氣質冷峻的女高中生，正在使用一支傳統的功能型手機。她盯著手上那支粉桃色的折疊手機，手機上掛著以白雪公主的洋裝圖案為設計靈感的吊飾，靈巧地用拇指按著按鈕。

應該是處理完事情了，她迅速闔上手機並放進包包裡，絲毫不理會兩旁那些緊盯著螢幕、手指忙碌滑動的成年人，悠閒地看向前方的窗外。她的姿態優雅，彷彿時間在她身上流動的速度和其他人不一樣。她看起來從容不迫，活在自己的節奏裡。

可是，她正處於最常用手機溝通交流的年齡層，還在用功能型手機真的沒問題嗎？她會不會被欺負、被排擠呢……我也看過因為社群媒體引發霸凌，甚至導致自殺的新聞。

比起我還是高中生的功能型手機全盛時期，現在有LINE、Twitter、Instagram等各種社群平台，這種環境更加激烈，她真的沒問題嗎……我一邊擔心著她的處境，內心卻一邊想像著她被欺負、哭泣的樣子，還有那些看都沒看過的同儕在ＬＩＮＥ上傳一些惡毒的發言。

我不是虐待狂，也不是心理變態。我不會去傷害陌生人，也不會動這種念頭，但我的內心卻有一股火焰在熊熊燃燒。

我知道點燃我心中的火焰的燃料是什麼。

那就是嫉妒。明明是現代女高中生，竟然能不在乎他人目光，使用功能型手機這種與眾不同的東西，真是太狡猾、太讓人羨慕了。

我想要相信智慧型手機比功能型手機更優越。這樣的想法越強烈，越能壓抑那種不符合現代人的思考方式。

她在我下車的前一站就下車了。

一個戴著眼鏡的微胖大叔在她空出來的座位上坐下以後，立刻拿出手機，忙碌地在螢幕上滑動手指。

我帶著一股不完全燃燒、悶悶不樂的氣息，原本就不怎麼好看的臉變得更難看，頂著臭臉回到了家。

途中，管理員看到我還很關心地問道：「怎麼了？妳肚子痛嗎？臉色很難看耶。」

我像是要把煩躁從腳底發洩出來一樣，狠狠地踩著步伐，彷彿要打倒看不見的敵人一樣猛地推開門，走進客廳。

爸爸拿著功能型手機坐在沙發上，見到我第一句就是：

「蜜柑啊，APP可以裝進我這支手機裡嗎？」

「……什麼？」

多麼巧的時機啊。我現在正因為功能型手機的存在而煩躁不已。

我冷漠地、毫不客氣地回了一句：

「當然不行啊。怎麼可能可以？你那是功能型手機耶。」

忍足家一直走的都是傳統路線，爸爸、媽媽和親戚們都還在用功能型手機，也不會因為自己是少數派而有什麼想法。他們的態度是「最近大家都改用智慧型手機了呢。不過跟我沒什麼關係就是了。」

如果今天突然宣布：「因為現在使用功能型手機的人很少，明天開始全面廢除。」即使跪在地上求情，或是示威遊行舉著「我們還存在」的標語，少數派的存在也會像透明人一樣被忽視。明明是這樣的情況，爸爸卻一點也不焦急，只有我一個人氣得火冒三丈。

「這樣啊……那以後就收不到定食店的電子報了。他們說以後都要改用APP了……功能型手機不能用的話也沒辦法。」

「爸，你換個智慧型手機吧。」

「唔，算了，沒關係。」

「為什麼？你不覺得難為情嗎？」

「為什麼要覺得難為情呀？」

「因為……」

「每天工作已經長時間用眼了，私人時間當然不想再用眼過度了。蜜柑，妳知道嗎？爸爸在加班後傳簡訊回來家裡的時候，都是沒有看手機螢幕就打出來的，要是沒有按鍵就做不到了。」

真是樂天的想法。就算他說得那麼自豪，也只是過時的東西，根本就沒什麼值得驕傲的。

我不由得提高了嗓門。

「如果一直用功能型手機的話，會落後於時代的。這個世界對跟不上腳步的人是毫不留情的。繼續用功能型手機，連公司裡的同事都會笑你的。滅絕也只是時間早晚的問題！」

爸爸眨了眨眼，他似乎不明白為什麼女兒要對一個通訊裝置這麼激動。

我用極快的語速數落著功能型手機。但在說完這一番話後，我就像被一拳打在胃上，後悔隨之而來。

那種不完全燃燒的鬱悶感又變得更大了。鬱悶，滿滿的鬱悶。

「在嚷什麼呀？你們在吵架嗎？」

媽媽一手拿著鍋鏟從廚房走過來，我把事情的來龍去脈告訴她，她卻說：

「哎呀，怎麼可能會滅絕啦！放心啦。還有很多人不會用智慧型手機，也有很多人還是喜歡用功能型手機嘛。」

她一臉無所謂的一笑置之，反而讓我更加煩躁。

「妳也太樂天吧！話說，妳怎麼又把手機掛在脖子上了！」

媽媽的脖子上掛著一條在百元店買的卡通圖案掛繩，手機就這樣吊著晃來晃去。

「我不是叫妳別這樣掛著手機嗎！」

「可是這樣有簡訊或電話來的時候，我馬上就知道了呀。」

「不行啦！萬一掛繩斷了手機掉到地上，或是洗碗的時候被水濺到壞掉了怎麼辦！」

媽媽一臉不情願地摘下掛繩，把手機收進了一個塑膠製的收納盒裡。那個收納盒是我送她的，因為她經常把手機弄丟，或是讓手機掉進沙發縫裡。

最近，我面對不好好珍惜手機的父母，逮到機會就說：「我拜託你們愛惜手機一點！」接著再補一句略帶威脅的話：「手機壞掉的話，麻煩的可是你們自己喔。」

尤其是媽媽，她是個徹頭徹尾的機械白癡。如果手機真的從世界上消失了，她肯定會手足無措。

不會用LINE的媽媽，到現在還是用功能型手機的照片簡訊功能和當地的朋友們維持聯繫。

在這個人人使用二手交易APP的便利時代，媽媽卻還在用厚厚的紙本商品型錄訂購服飾。明明就可以網路購物，她還是每個月透過打電話的方式向廠商或百貨公司訂購她愛用的美容精華液、送給朋友的點心，以及自己喜愛的飲料。

只要手指輕輕一點，用網路搜尋就能找到想知道的電話號碼。但如果媽媽想要查一家店的電話，第一個念頭竟然是撥打「104」。現在恐怕很多人都不知道查號台是什麼了吧。撥打「104」不是打給救護車或警察，而是電話的另一頭會有人幫你查詢電話簿上記載的電話號碼。這實在是太老派了。

我怎麼想都覺得，媽媽是無法熟練地使用智慧型手機的。

媽媽勉強能學會用功能型手機來傳簡訊和打電話已經很不錯了。萬一有一天功能型手機真的滅絕了，她的生活色彩和朋友間的聯繫恐怕也會一夕之間斷絕，整個人掉進深不見底的深淵。然而，媽媽卻一點危機意識都沒有。

不過，要是她因為太愛惜手機而捨不得用也不對，建議她去參加什麼智慧型手機教學班好像也不太對。

「總而言之！誰知道功能型手機什麼時候會消失呢。萬一手機壞了，你們兩個又都不會用智慧型手機，拜託有點危機感好不好！」

我像發脾氣一樣的大聲喊著，氣沖沖地衝出客廳。

我沒錯過爸媽臉上的疑惑。但其實我的心中也是充滿了問號，這股鬱悶感究竟是什麼？為什麼我會因為區區智慧型手機和功能型手機這種小事而被攪得心神不寧呢？

一回到自己的房間，我立刻撲到床上，手腳亂蹬，在床上翻滾發出怪聲。

等到體力耗盡，大腦終於冷靜下來時，一直壓抑在心底的的話幾乎就要脫口而出，就像童話《國王長著驢耳朵》裡的場景一樣。

想說，但不能說；不說，心裡又平靜不下來；然而……

唔……我把臉埋進枕頭，用力喊了出來。

「我受夠智慧型手機了！按什麼讚！有什麼好讚的啊！一點都不讚！

啊，我好懷念功能型手機啊！」

我狠狠地把臉埋進枕頭裡。

好羨慕啊！我羨慕功能型手機羨慕得要命，我甚至還有些嫉妒那些還在用功能型手機的人。

滿腔的煩躁化作力氣，我用力將右手拍向床鋪。一聲清脆的「叮唧」響起。明明手上什麼都沒有，但拳頭落在床墊的彈簧上的一瞬間，確實聽見了「叮唧」的聲響。

我的身上有著鎖鏈……毫無疑問，那就是被鎖鏈緊緊束縛住的聲音。是束縛的聲音，是隸屬的聲音。我明明渴望像雲一樣無拘無束地生活，但我到底是被什麼束縛住了呢？

那聲音的源頭，奪走我的自由、用鎖鏈拴住我的支配者，就像在宣示存在感一般，在包包裡響了起來。是手機的通知音。

然而這一次，我沒有像平時那樣立刻撲過去查看，而是大字型躺在床上，閉上了眼睛。

一種悖德感像血液滲出一樣，溫熱而緩慢地在胸口蔓延開來。

鎖鏈就是從手機上延伸出來的。

而我就是手機的奴隸。

不，也許不只是我。每個人都是奴隸吧。

那個曾經被我視為「心臟」的智慧型手機，如今看來不再只是便利的文明利器，而是讓我沉迷其中的主人。

我不是手機的主人，手機才是我的主人。不是我在使用手機，而是我被手機所使用。

當我逐漸從現代人合格標準的魔咒中醒悟過來時，客廳的電視傳來了RADWIMPS的《前前前世》。

可是，即便我意識到自己是手機的奴隸，也不可能說停手就停手。

早知道會這樣，也許毫無察覺、無知地依賴著智慧型手機反倒更好。

但正因為我察覺到了，正因為我說出口了，我感覺到自己在現代人的多數派與少數派的夾縫間一點一點地灼燒著。

22歲

給智慧型手機殭屍一枚子彈。

Chapter 03

某個初夏的午後。

在從朋友家回來的路上，我走在住宅區裡，突然間，一位打扮花俏的老爺爺從公寓的陰影裡冒了出來。

看起來有70多歲，但穿著夏威夷襯衫和短褲，整個人散發著一股「我也不輸年輕人」的氣勢。而他的手裡握著一支智慧型手機。

我們的目光一對上，他就急匆匆地朝我走來。

「嘿，那邊那位小姐！妳知道要怎麼接電話嗎？」

叮咚叮咚。伴隨著輕快的來電鈴聲，他把手機遞過來，螢幕上顯示著一個穿著制服的少女的照片和「麻衣」的文字。應該是他的孫女吧？

「哦，這是ＬＩＮＥ的通話，你按這裡就可以了……」

「……ＬＩＮＥ是什麼？」

「咦？呃，那個，就是可以打電話，也可以像傳簡訊那樣傳文字的東西……」

「啊，電話掛掉了。哎呀，這東西真難搞。以前那種折疊手機我也都搞不明白，但現在要是不會用這些東西的話，會被年輕人笑話的。」

「我覺得應該不會啦……」

「不不不，現在是數位時代，我怎麼能落後呢。所以，我要怎麼回撥電話呀？」

我就這樣在太陽底下給一個不認識的老爺爺講解如何撥打電話。

這位老爺爺還很自豪地說自己正在上智慧型手機教學班，從他身上可以看出那種努力想要跟上時代的拚勁。

相較之下，我卻是那個想要鬆開緊抓著時代的手的人。

我真的厭倦了智慧型手機——被它支配、被它操控，甚至有點開始厭惡它了。這種內心想法應該也是「不合格的現代人」吧。但即使意識到這一點，我也無法改變什麼。

走在街上，到處都是拿著智慧型手機的人，而支援功能型手機的服務卻一個接著一個地消失。

連小學都將程式設計列為必修課，我回母校採訪時，發現每個學生人手一台平板，感受到ICT教育的浪潮，電子競技也成為了熱門話題。

打開電視，廣告不是遊戲APP就是二手交易平台APP或其他社群媒體APP的宣傳。電信公司的廣告也只是一味地推銷智慧型手機的優點。自己是不合格的現代人的事實越發明顯。

如果要斬斷疲憊的根源（智慧型手機）那無異於同意被剝奪人權、放棄公民身分。

所以，哪怕面對擁擠人潮、哪怕會妨礙到他人，我依然會理直氣壯地伸長自拍棒，對著鏡頭擠出笑容。隨時隨地在螢幕上滑動指尖。

偶爾撞到別人，心裡還會想著：「真是的，是不會閃開嗎？」有些人甚至會罵罵咧咧地說：「走路看路啦，醜女。」雖然現實中的我沒有出聲，但心裡卻狠狠地回敬：「吵死了，去死啦。」

我正在逐漸獸化。

究竟要選擇成為野獸，還是要放棄人權和公民權呢？這簡直是生死二選一。但哪一邊代表「死」，哪一邊代表「生」呢？

電視上播放著一個專題節目，死者家屬講述一個駕駛因為邊開車邊玩手機而奪走了他的家人的生命。

「為什麼會這樣？」

「明明知道很危險的，不是嗎？」

「為什麼要因為區區一個手機……」

雖然我很同情家屬，但像我這樣的蠢蛋出門以後也是邊滑手機邊走路。

聽說在國外，這種邊走路邊滑手機的人被稱作「手機殭屍（smartphone zombie）」。簡直就是在形容我。

和朋友吃完飯回家的路上。心裡明知道這樣不對，也很危險，但「想趕快把照片傳到社群媒體上」的強烈欲望勝過了一切，於是我拿著手機走在夜晚的街道上。

我一邊走，一邊加上標籤、選擇照片、調整濾鏡、輸入文字。「好，這張照片應該可以得到很多讚吧。」正當我這麼想的時候，突然聽到一聲急促的煞車聲。抬起頭，我才發現自己正站在十字路口。

右邊是一輛輕型汽車，駕駛是一名看起來30多歲的女性；前方則是一名身穿制服騎著腳踏車的少年，還有我。而我們三個人的共同點，是手裡都握著手機。

這情景簡直就像是倡導交通安全的公益廣告裡的一幕，但卻是現實。手機螢幕的光芒照在女駕駛的臉上，讓她的臉孔顯得有些詭異。她看了我和制服少年一眼，露出尷尬的神情後，繼續直行，離開了十字路口。

穿著制服男孩用變聲期特有的嗓音說了一句：「哇，笑死，差點就掛了。」再次低下頭盯著手機螢幕，騎著腳踏車離去。

軋吱ー
咿
要死了!!

而留在原地的我，收起了手機，緩慢地向前走了三步。如果我是在這三步後才注意到車子和腳踏車的存在，現在的我已經死了。

太危險了。差點就沒命了。忍足蜜柑，享年22歲。

我並不是想用生命來換取使用手機的機會，也沒有想要因為使用手機導致發生車禍或出人命，更沒有想要因為使用手機把自己的肩頸搞壞。

「我真的差點就死了。」

回到家後，恐懼如浪潮般後知後覺地湧上心頭。那天晚上，我在晚上八點就關掉了手機的電源。

因為手機而喪命，多荒謬啊。這不僅是對身體的傷害，也是對精神的折磨。明明在不久前，我還陶醉於自己邊走路邊滑手機的模樣，覺得這樣很時尚、很酷，但現在這種迷醉感已經消失了。這麼做不僅危險，還很不像樣。

我想要戒掉智慧型手機，但根本做不到。它帶來的樂趣和收到讚的快感讓人上癮。可是大家都在用，我也不想被排除在圈子外。這些念頭在我的腦海中不停盤旋，卻找不到能夠擊倒「手機殭屍」的子彈。

我越來越討厭自己。

每次握著手機、盯著螢幕，我的內心彷彿被壓上了千斤重的負擔。我變得煩躁、呼吸困難，甚至沒來由地想哭。

我鼓起勇氣，試著向朋友們探尋他們的反應。

「那個，妳們不覺得用智慧型手機很累嗎？要追著社群媒體的那些資訊跑，不覺得有點讓人喘不過氣嗎？」

朋友們全都一臉茫然地看著我。

「什麼啊！蜜柑妳好怪喔。明明是這麼方便的東西，妳說這些奇怪的話會被時代淘汰的喔。」

「只不過是個手機而已，有什麼好煩惱的呀？比起這些，還有很多需要煩惱的事吧，比如未來的事之類的。」

當自己和主流意見之間產生落差時，得不到理解的這種感覺實在是很難受。在這個逐漸理解障礙、膚色、瞳色及LGBT並提倡多樣性的時代，「手機成癮恐懼症」依然被視為異類。

是我很奇怪嗎？是我不正常嗎？是我錯了嗎？

大家好像都對手機沒有任何疑問，也不覺得疲憊，還能一派輕鬆地和手機和平共處。

但我卻對手機感到疲倦，甚至厭煩。有時候甚至會幻想會不會像頒布廢刀令一樣，來個「廢手機令」，或是用哆啦A夢的如果電話亭讓手機從世界上消失。然而這些念頭只會讓我確信自己是個怪人。

我不想當個怪人，所以在朋友們詫異的表情前，我硬著頭皮笑了笑，說：

「沒、沒有啦！開玩笑的啦！對了，我可以拍張照片嗎？我想上傳到Instagram。」

「哦，好啊！用那個能拍得比較美的APP吧！」

朋友們果然立刻興致勃勃地擺出勝利手勢。

我舉起開啟相機模式的手機，臉上擠出了一個僵硬的笑容。

最近照片裡的我，總是帶著一言難盡的難看表情。

＊

就在某一天，一件大事悄然地改變了我的心境。

事件的開端是——我的手機壞了。

「維修大概需要一個星期左右喔。」

「好，我明白了。」

雖然正常情況下大家都會選擇維修手機，但坦白說，我其實巴不得手機就這樣壞了。如果手機已經奄奄一息，我還真的有點想要就這麼了結它。

在手機店的櫃檯前，一名身材矮小的男店員很有效率地迅速處理我的手機問題。

在他走到後面的倉庫時，我不經意地環顧四周，想起了小學時第一次得到爸媽買給我的功能型手機的情景。

那些曾經擺放像銀色鯖魚般閃閃發亮的最新款功能型手機的位置，如今都已被 iPhone 取代了。

才短短十幾年，整間店鋪的陳設已經煥然一新，不變的似乎只有廁所的位置和兒童專區。

盛者必衰……我反覆咀嚼著古文課上學到的這個詞。再怎麼繁盛的事物，也終究無法永遠維持榮光。

「不好意思，這位客人。」

回到櫃檯的店員滿臉歉意，小心翼翼地湊上前。我心想，我做了什麼嗎？難道被他發現我剛剛在緬懷功能型手機了嗎？

「我們會在維修期間提供備用機給您使用……」

「這樣啊。」

「但目前所有智慧型手機都已經租借出去了……」

沒有智慧型手機的備用機？那還有其他通訊裝置能用嗎？

我居然一時想不起來剛才腦海中回憶的功能型手機，反而聯想到的是《海螺小姐》裡出現的黑色轉盤電話。所以當店員帶著歉意說：「目前只能提供這種備用機……」並拿出一支功能型手機時，我感覺就像是見到了已故的家人一樣。簡直是黃泉歸來？

我把功能型手機輕輕托在掌心上，我情不自禁地想說一聲「好久不見」，一種像是落語的經典劇目《芝濱》那樣充滿珍愛的情感湧上心頭。

「功能型手機……」

「目前我們只能提供功能型手機……如果您希望的話，我們可以向其他門市調智慧型手機的備用機過來，不過可能要等……」

「哦，不用了，這個就很好。真的，我反而覺得這個比較好。」

「咦，那我就直接幫您辦理這支手機的租借手續，可以嗎？」

「好，麻煩你了。」

就這樣，出乎意料地，我久違地再次握住了功能型手機。

這是一款專為老年人設計的功能型手機，字體和按鍵都特別大。折疊的下方多出了一個我以前從未見過的按鈕，可以一鍵撥打已經登記在裡面的電話號碼，省去了打開通訊錄或輸入號碼的繁瑣步驟。

手機裡沒有ＬＩＮＥ，沒有社群媒體，也沒有遊戲。

拿著這種手機走在路上，可能會被路人多看兩眼。在電車裡拿出來用的話，可能會引來女高中生的竊笑。

然而，我卻感覺自己的心裡突然輕鬆了許多。

因為接下來的一週，我不需要頻繁地確認社群媒體，不用急著回覆ＬＩＮＥ的通知，也不用為了遊戲活動忙得團團轉。我還可以從邊走路邊滑手機的罪惡感中解脫出來。

我傳簡訊給其中一位朋友，說我的手機壞了，送修要一個星期，所以這段時間無法查看ＬＩＮＥ以及所有社群媒體。敲擊按鍵的觸感也讓我倍感親切。至於備用機是功能型手機的這件事，我決定暫時隱瞞。倒不是因為覺得丟臉，而是想守護它不遭到他人嘲笑。

然而，明朗的心情只持續了短短的幾十分鐘。沒有手機、沒有成癮物品的那種暢快感很快就被煩躁取代。即使是站在手扶梯上的短短十幾秒鐘，我的手也忍不住想從口袋裡掏出手機來看。

那模樣簡直像頭野獸。我重新認清自己，原來這真的是一種成癮啊。

即使肚子有點餓了，走進餐廳裡，我一眼就能找出哪道料理最適合上傳到社群媒體，卻不知道自己真正想吃什麼。畢竟我手上沒有工具可以展示這些上相的料理，就算吃了賣相再好的食物也沒什麼意義。

無論賣相好不好看，最終都會被消化排泄掉。

「啊，好久沒去那家店了。」

那是我高中時偶爾會去的一家藏身在巷弄裡的拉麵店。

那家店的字典裡根本沒有「賣相」這兩個字。要是隨口說出「賣相」[1]，店長可能還會抓著蒼蠅拍衝過來說：「什麼蒼蠅？蒼蠅在哪裡？」

我坐在滿是大叔和上班族的吧檯邊，用完全不符合這間充滿男性汗味和熱氣的店的聲音點餐道：

「請給我一碗奶油豆芽菜拉麵。」

「好嘞！喲，這不是蜜柑嗎？」

「啊，您還記得我嗎？」

「當然記得啦！我們店很少有女生光顧嘛。話說，才一陣子沒見，妳都變成漂亮的大姐姐了，還染了頭髮呢。」

「嘿嘿，是呀。」

快速、便宜、好吃。馬上端上桌的拉麵帶著濃濃的褐色，看起來完全不可愛，也一點都不上相。但這些都無所謂，根本不重要。

我沒有像往常那樣在用餐前進行拍照儀式，我直接把筷子折開，用三麗鷗的髮夾把瀏海夾起來。

我先夾起鋪在最上面一層的豆芽菜，塞滿嘴巴，大口大口地咀嚼著。豆芽菜吸滿了湯汁，些許湯汁從嘴唇間滴落，我隨手用衣袖擦了擦。

身上的衣服是因為大家都在穿我才買的名牌襯衫。一件的價格足以在這裡吃上十碗拉麵，如今卻悽慘地沾上了褐色的污漬。然而，就算如此，也沒什麼關係。

我毫不在意地大口咬下厚切的叉燒肉。這塊叉燒毫無賣相可言，是塊在社群媒體上得不到幾個讚的叉燒，不過肉汁在口中蔓延開來的那一瞬間，實在是美味無比。

喝光了最後一滴湯後，我感到不只是肚子獲得了滿足。或許是大腦，或許是心靈，也一併被填滿了。

1 日文中的賣相（映え）與蒼蠅（バエ）同音。

要上相…要上相…
咔嚓 咔嚓
最新推出的鬆餅
咖啡廳
姊妹聚會
賣相不好但超級好吃!!
唏哩呼嚕——
呼呼呼
好幸福♡

接著喝一口冰涼的水，從食道到胃部都感到清爽舒暢。

說完全不在意社群媒體的動態更新，那肯定是騙人的。自己是沒有那麼容易馴服的。

想到LINE裡堆積著未讀訊息，我就覺得害怕。畢竟過去，即使只有一則未讀訊息，也足以讓我的身體顫抖。

掌心裡的世界曾經是我的一切，我無法一下子就對這些事物毫無感覺。

但現在的我比之前的我更真實，更像我自己。

即便此刻在我不知道的地方，在那片無邊無際的網路海洋中，也許有人正在貶低我。

但現實中的我並未受到任何傷害。

即使有人用手指在鍵盤上打出「噁心」，我也不痛不癢；即使有人用指尖敲下「去死一死」，我也不會死掉。

我所真實感受到的，只有那碗毫無賣相可言卻非常美味的拉麵，就這麼簡單而已。

當我愣愣地出神時，聽見了上班族客人和店長的對話。

「不好意思，結帳。」

「好的，670日元。」

「不能用電子支付嗎？」

「啊，不好意思，我對那些東西不太熟悉，所以只收現金。」

「哦，這樣啊……那就給你1000日元。」

「好，找您330日元。」

我看著那位上班族收起手機，有點嫌麻煩地打開錢包掏出錢，而店長則是低頭跟他道歉。

剛好午餐期間的客人都走光了，店長這才向我搭話。

「最近老是有人問我能不能用電子支付，可我完全搞不懂那些東西啊。蜜柑妳是現代年輕人，應該很擅長這方面的東西吧。」

他一邊說，一邊誇張地模仿滑手機的手勢。

我只回他一個含糊的笑容。

「我是不是也該學學這些東西呀？免得被時代拋下了，但我真的搞不懂這些東西。」

「唔，其實也不用刻意迎合時代吧。時代也就是現在流行這一陣子的東西，也不是永遠不變的。」

從我口中說出這些話時，我自己都愣住了。原來這才是我內心真正的想法啊。

＊

即便在歸還備用機後，我的內心還是對功能型手機著迷。

歸還的時候，我甚至想著如果能繼續用功能型手機就好了，真捨不得。

但當我對店員說出這些話時，他明顯露出了動搖的神情。

手機殭屍接連遭到銀色子彈的狙擊。一發是因為脖子的疼痛，一發是因為邊滑手機邊走路差點出車禍，拿到備用機時，似乎又被擊中了一發。原本我達到了現代人的合格標準，如今彷彿隨時都會崩潰。

而徹底結束這一切的最後一擊，是發生在駕訓班的事。

初秋順利完成求職活動的我，開始前往駕訓班上課。課程進行得很順利，就在準備考取駕照時，需要做視力檢查。

對我來說，視力檢查是一件很不容易的事。也許對於普通人來說，只是微不足道的小事，但每次要做視力檢查時，我就會從前一天開始心跳加速，指尖血色全無。

如果是抽血檢查，我只要躺在那裡讓人抽血就好了，可是視力檢查的結果取決於我的表現，這讓我感到壓力重重，緊張到全身顫抖。

至於我為什麼對視力有如此深的執念，這就得追溯到我的童年時期。

小時候的我，是個沒有什麼值得被稱讚的孩子。

每個人都有值得被稱讚的地方，像是「長得可愛」、「跑得快」或「很溫柔」，而我卻沒有一個明顯的優點或長處。

「步美很會騎單輪車呢。結衣很會讀書。蜜柑的話……唔……」

即便是小時候發生的事，對方支支吾吾的停頓，我至今仍清楚記得。

就在那時，有人說了一句話：

「蜜柑，妳的視力很好呀。」

若要討論「視力好」這樣的優點能不能和「長得好看」或「很聰明」這種誇獎相提並論，又好像不太對。視力好壞不是評價一個人的標準，這只是一種身體特徵，視力好不代表優秀，視力差也不是需要羞恥的事。然而，對於一個從小沒有什麼機會被誇獎的我來說，「視力好」成了我心中很重要的自我認同。

正因為如此，我一向把視力好視作自己的精神支柱。

「0.3呢。妳有帶眼鏡來嗎？」

聽到這句話，我吃驚得差點就哭出來了。

我平時都是裸眼的，視力應該有1.0才對。就連今年春天大學健康檢查時，視力測驗結果也是A。

我把這些事告訴對方後，他決定稍後再幫我做一次檢查。

我滿頭冷汗，內心充滿了悔意，懊悔自己為了一時的快樂而忽視了身體的健康。

雖然我一直認為自己是智慧型手機的奴隸，但多少還是有點照顧身體的意識的。然而，事實證明，無論有沒有這種意識，只要我身為奴隸，視力下降和肩頸問題就會像手銬和腳鐐一樣束縛著我。

「啊，神明啊，對不起。我再也不當手機的奴隸了，請保佑我的視力沒有下降。」

我在心裡深深地道歉。

過了一會兒，再次測試的結果竟然是1.2。我的駕照在沒有任何附加條件下，順道通過了。

「妳真的沒有戴隱形眼鏡嗎？」

駕訓班的工作人員疑惑地看著我。我自己也覺得不可思議。

「啊，對了……」

想起第一次測試之前，我都還在滑手機。

但在重新檢查之前，我滿腦子都是不安、恐懼和焦慮，根本沒心思看手機。難道是這個原因嗎？

我下意識想拿起手機搜尋「智慧型手機　視力　影響」，就在這一秒之間，我猶豫了。

智慧型手機成了男女老少手中必備的工具，突然讓我感到莫名的害怕。

我決定不去看手機螢幕，而是閉上眼睛，用自問自答代替搜尋，但我不能和自己的眼球對話，所以仍然不知道答案。

離開駕訓班後，我瞇著眼看了看手機螢幕。

搜尋結果顯示，智慧型手機普及後，兒童近視比例明顯上升，讓我不由得倒吸一口冷氣。

無法忽視這些感受，我決定去購物中心附設的眼科求助，作為我和眼球之間的「翻譯」。

隔壁就是隱形眼鏡專賣店的這家眼科診所，人潮很多，候診區的人無一例外都盯著自己的手機。

我也想查看社群媒體，但想到先前的經歷，於是咬牙忍住了衝動。

我難以忍受地握緊了拳頭。但即使這樣還是忍耐不了，指甲深深地嵌進掌心。

就算這樣……還是不行。我好想看手機。

這種痛苦，簡直是輕度的拷問。

空閒時間有這麼難熬的嗎？只是手裡沒有手機而已，竟讓人覺得沒有活著的實感了？

——蜜柑妳真的是手機成癮耶。

——再過一陣子，妳沒拿著手機，手就會開始抖了。

我的腦海中浮現小春說過的話。我的朋友真是個偉大的預言家。

想起了曾經在電視上看過的那些關於酗酒或藥物成癮者的紀錄片。

雖然我只是偶爾喝點酒，從來沒有碰過藥物，但現在的我居然能深刻體會到，那些為了一時的快樂而在痛苦中掙扎的人們的感受。

煩躁、失落感、手忍不住的顫抖。

我試著做各種事情來分散注意力。

像是自己玩腦內接龍，或者在腦海裡哼唱自己喜歡的音樂。

這些都無濟於事。腦海裡對手機的渴望不斷湧現又消散，反反覆覆，彷彿沒有盡頭。

如果要形容現在的我，最貼切的詞就是……「戒斷症狀」。我曾聽說過有些酒精成癮的人甚至連料理用米酒都會喝。此刻的我，正是這種狀態。

坐在我旁邊的是一個不認識的男高中生，瞥了一眼他手中的手機螢幕，看到畫面裡完全看不懂的足球遊戲，我那股莫名的心悸竟然慢慢平息了。

是我的眼睛在渴望藍光嗎？

他沒有發現我的視線，我便一直盯著看。然而，看著看著，我開始感到不滿足了。我不僅僅是想看，而是想自己動手操作。

我想在社群媒體上分享各種內容，想說這個，想展示這個，也想看那個。希望被人羨慕、被喜愛，想與他人有連結，也想讓連結一直維持下去。

我的腦海裡像ＬＩＮＥ的聊天視窗一樣，不斷冒出一句又一句的對話框。

只要沒有碰到手機，這種渴望就無法紓解，反而越來越強烈。

未讀訊息應該有１００個了吧。好難受。

也不是有哪裡疼痛，也沒有被什麼事情折磨，只是短短幾十分鐘沒碰手機，居然就如此難受。

啊，我快不行了。就在我鬱悶得要死，咬著下唇準備伸手去拿包包裡的

盯——

手機時——

「忍足小姐，忍足蜜柑小姐，請到一號診察室。」

診察室的呼叫聲救了我一命。

再晚個2秒，我可能就會像野獸一樣撲向手機了。

經過一連串的檢查後，我將事情的經過告訴了那位看起來像是聰明版大雄（哆啦A夢不需要從未來過來幫他解決問題的那種）的眼科醫生。

「唔，視力確實會受到精神狀態的影響。公司的健康檢查或全身健康檢查的結果和平時去眼科檢查的結果不一樣，這種情況其實滿常見的。忍足小姐，妳應該是因為在駕訓班那種不熟悉的環境才會感到緊張的吧？」

我鼓起勇氣，問出了和「手機讓我很累」差不多程度難以啟齒的話。

「那個，手機對眼睛不好嗎？」

醫生聽了以後，露出了一個彷彿隨時想把哆啦A夢叫來的困惑表情，含糊其辭地說：「這也不能一概而論。」

接著又說道：「……雖然我不能斷言，但自從智慧型手機普及以後，患有斜視、開始配戴眼鏡或隱形眼鏡、度數加深的人變多了。數據顯示，兒童近視比例每年都在創新高。視力低於1.0的高中生也接近七成。長時間近距離看東西的確對眼睛不太好，智慧型手機也還是很容易讓人上癮。」

他這麼說道。

果然是這樣啊。那為什麼這樣的東西被放任在外無人看管呢？難道沒有辦法用法規之類的東西限制嗎？

不管智慧型手機和文明的利器多麼發達，人類的眼睛也沒有特別進化。平安時代紫式部寫《源氏物語》的眼睛和我在影音平台上盯著偶像的眼睛，沒有什麼兩樣。

即使是從沒有智慧型手機和電腦的時代活到現在的老人，也背負著隨著年齡增長而產生的眼睛問題，那麼從年輕時就被文明的利器荼毒的世代，將來會變成什麼樣子呢？

智慧型手機問世至今僅短短十年，會不會有不良影響還是未知數，將來會發生什麼事沒有人知道。

我們不是機器人，如果視力變差了，也不能換成新的零件。我不想要10年後或50年後才來擔心自己的眼睛，一輩子都在後悔現在：「回想起來真的很傻，我年輕的時候用了智慧型手機……」

「啊，忍足小姐。」

看見我宛如斷電般沉默不語，醫生像是顧慮到我的心情，對我說道。

「忍足小姐妳雖然有輕微的近視和散光，但眼睛本身是健康的，所以不用太緊張的。」

「什麼？你說什麼？」

「我說妳可以不用這麼敏感。我也是眼科醫生呀，摘下眼鏡後也是什麼都看不見。眼科醫生戴眼鏡的比例也很高，如果去眼科學會……」

「我是說再更之前的話，什麼近視還是散光的，我有嗎？」

「不，只是很輕微的，也不到需要戴眼鏡的程度。」

這是我22年的人生中，第一次得到這樣的診斷。雖然說是輕度，不過近視和散光還是很令我震驚。

我不認為未來一輩子可以完全不依靠眼鏡和隱形眼鏡生活。隨著年齡的增長，可能需要戴眼鏡，可能會有老花眼，也有可能有一天會因為白內障而需要動手術。

但我還是感到很震驚。直到年老需要戴眼鏡和進行治療之前，我想要盡可能地照顧好自己的眼睛。在智慧型手機這個時代，在流行和無意義的時間消耗中，我可不想繼續磨耗一生不可替代的眼睛的壽命。

我究竟是為了什麼在滑手機的呢？唔……完全沒有辯駁的理由。硬要說的話，就是太閒了。就只是這樣而已。

空閒時間枯燥乏味又讓人難以忍受，所以哪怕只是5分鐘、1分鐘，甚至是1秒鐘的空檔，我都會立刻掏出手機來打發時間。

說到底，人是不會因為太無聊而死掉的。至今為止也沒有人的死因是「太過無聊」。

那麼，我們用來填補無聊的東西——手機上的遊戲、影片、社群媒體，真的值得拿視力作為代價嗎？真的有人願意犧牲自己的眼睛，只為了多看手機幾眼嗎？如果只是為了消磨時間和滿足認同感，代價也未免太過沉重。

就在那一刻，我內心的某些東西「啪」地一聲崩壞了。

這是一種正面的破壞，直到剛才的「我」將成為「另一個人」。

當看見視力這樣明確的數字下降，讓我意識到身體正在受損時，於是猛然清醒。

我走出診察室，離開醫院，與邊滑手機的人擦肩而過時，不禁想道。

以前我也是邊走路邊滑手機，但現在的我，右手拿著包包，左手輕輕擺動，目光筆直地望向前方。我突然覺得神清氣爽。也許是很老套的形容，但感覺世界變得更加開闊而明亮。

我隨意走進一家書店，把分類在「眼睛」專區的書籍一本一本拿起來看。

「到2050年，全球一半的人口——近50億人會有近視，其中多達五分之一的人，也就是約10億人將面臨失明的風險。但這些數字都過於樂觀了。未來將會有近90億人近視，而面臨失明風險的人會達到20億人。」

「近視是一種疾病，若不加以控制，可能會發展成高度近視，甚至導致失明。」

A書上聲稱某些東西「對眼睛有益」，而B書上卻說「如果真的照做可能會患上眼疾，甚至需要動手術。」

每讀到一處，我都要驚呼一聲，對於日本與其他國家的差異感到震驚。

例如，「手機每天最多使用一小時」、「在智慧型手機普及的時代，從小天天用手機的人，到了四十多歲時，很多人可能會因為眼睛問題需要動手術。」或是「由於日本眼科醫生不被重視，導致日本在這方面落後世界二十年。大約二十年前，在德國遭到禁止的一種會導致失明的治療方法被引入日本，不僅被電視和書籍介紹，並應用在許多患者身上，最終奪走了他們的視力。」這些文字讓我更加驚恐，只差沒嚇到做出後仰式伊娜鮑爾（Ina Bauer）了。

我一直以為日本在醫療方面是先進國，但在眼睛保健方面似乎並非如此。明明眼睛是接收八成資訊的重要器官，卻被忽視了。

而真正了解這種落後情況的人，少得令人悲哀。就連我也是現在才知道。不過，能知道這件事，我覺得很慶幸。

我沒有多加考慮就買下了那本引起我注意的書，然後離開了書店。

「現在隱形眼鏡有優惠哦——」發傳單的男子懶洋洋地喊著，我則徑直走過，朝著車站走去，刷卡進站，搭上了電車。

然後我環顧四周——無論是老人、孕婦，甚至嬰兒車裡的嬰兒都盯著手機看。這是過去的我理所當然、不曾質疑的日常景象。

現在在我眼中變得異常起來。彷彿人們都被手機洗腦了一樣。

如果史蒂夫・賈伯斯是個來侵略人類的外星人，利用便利性來達成侵略的目的，那麼他確實成功了。但諷刺的是，連賈伯斯自己都不讓他的孩子用手機。

隨著車門打開，下一站上車的人手裡的手機碰到了我的背。

手機雖然不像刀子那樣鋒利，不會刺傷人，也不是兇器不會致命，但我感到一陣驚恐，覺得自己或許真的有可能被「殺」了。

那個人懶懶地說了一聲：「抱歉啊。」我則微微點頭表示回應。

搖晃的山手線電車。

奇怪？在沒有智慧型手機之前，我在電車裡是怎麼度過的呢？我現在幾乎都忘了該如何在電車上度過沒有智慧型手機的時間。

即使我們試圖效仿其他人，卻也不知道解決方案，因為所有人都是「智慧型手機的奴隸」。

我的手好像在渴望著什麼。

不行，停下來，我不再是奴隸了。我開始用力揉捏大拇指下方的部位。

我看著電車內的懸掛式廣告，寫真偶像那快要溢出布料的豐滿乳房，還有極其粗俗的八卦標題。

看著連電車搖晃時也不會晃動的胸部，我感到很厭煩，開始看起懸掛式廣告上的政客醜聞和藝人出軌的文句，來來回回看了三遍，就在我意識到人類是多麼容易被快樂所誘惑的生物時——

一位手裡推著嬰兒車，背上又揹著另一個小孩的女性上了車。嬰兒車裡那個大約兩歲的小孩看起來很不高興，用稚嫩的語言表達著不滿。

「這個！不要！討厭！」

「哎唷，你安靜一點啦。」

那位媽媽坐下以後，拿出了手機。

「來，你最喜歡的麵包超人。」

她自然而然地把手機遞給了正在鬧脾氣的小孩。

小孩立刻開心了起來，全神貫注地盯著手機。

與此同時，那位媽媽似乎是有兩支手機，她拿出另一隻手機，沉浸在自己的世界中。

嬰兒車裡的小孩正以幾乎貼著臉的距離，專注地看著螢幕上的麵包超人。而背帶裡的小寶寶則一臉驚訝地盯著媽媽視線的方向（也不知道她究竟在看什麼），那不自然的僵硬表情不像是一個小寶寶該有的。

我也拿出了我的智慧型手機，但沒有按下電源鍵，只是靜靜地看著它。

我曾經以為自己沒有智慧型手機就活不下去，現在才發現，正是因為這個東西讓我無法活得像自己。雖然手機很方便，也很有趣，但如果再繼續這樣下去，我會漸漸沒有辦法活在現實中的。

車廂匡噹匡噹作響和舒適的搖晃。

「呀！」

聽見驚叫聲，我從半夢半醒間抬起頭，看見一個女孩站在車門前。是個滿可愛的女高中生，長得很像乃木坂46的白石麻衣。

我呆呆地望著她，然後看見她的上睫毛與下睫毛之間，開始滲出一種混合著白色、黑色和略帶紅色的黏稠液體，慢慢地滴落在她手中的手機和身上的衣服上。

當所有黏稠液體都滴完後，她的睫毛之間只剩下一片空洞——融化的竟然是她的眼球。

呀——！一聲尖叫後，傳來渾厚的男中音說道。

「20××年，一種原因不明、導致眼球融化的未知奇病——眼球溶解症，襲擊了地球和人類……」

聽見這樣的旁白，我猛然意識到這是一場夢。

我緩緩地睜開眼睛。當然，剛才的女孩不見了，世界上也沒有發生什麼奇病。

唉，真是個奇怪的夢。可怕，卻又異常貼近現實。

我至今為止小心緊握在手中的東西原來是充滿鋒利針尖的劍山。我一直以為沒有它就活不下去，卻沒想到它其實是致命的劇毒。

我們冷靜下來，稍微討論一下。我感覺自己就像《男人真命苦》的阿寅一樣。來喲！大家過來看看喲！

舉個例子，社群媒體。

聽說西區有一間很美的鬆餅店，我就會衝去拍照；聽說東區有一間很美的珍珠奶茶店，我也不會放過。一人份的餐點拍起來不好看，就會點兩人份的甜點，營造出我是和別人一起來的氛圍，拍出完美的一張照片。如果貼文的按讚數比上一篇少了一個，我就會很煩躁。但仔細想想，那些按讚數也只不過是螢幕裡的數字罷了。

按讚數並不會為現實中的我帶來任何影響。按讚數越多，並不會讓我的皮膚變得更好，也不會讓我的鼻子變得更挺。說到底，就只是一些數字而已。

當然，對於那些靠 Instagram 維生的人來說，那就是另一回事了。但這樣的人畢竟是少數，未來能不能順風順水也很難說。對大多數人來說，無論按讚數是增是減，都不會對現實中的自己產生任何實質影響。

那我們為什麼還要追求按讚數呢？

說到底，這根本就像毒品一樣，只是為了追求一時的快感罷了。

儘管你可能會感受到一時的快樂，但這種快樂只是暫時的，你很快就會渴望下一次更強烈的快樂，沒完沒了。就像是永無止境的負債經營。

在這個過程中，「現實中的我」和「螢幕裡的我」之間的差距越來越大。即便擁有很多按讚數和吸引人目光的貼文，但現實中的自己卻感到很空虛。

接下來，來聊聊遊戲吧。

我身邊也有不少朋友沉迷於手機遊戲，為了衝活動而花了不少錢，所以我是準備好冒著被批評的風險來說說我的看法。

打破高分紀錄或成功跑完活動的成就感、抽卡時得到喜歡的角色時的幸福感……這些我都懂。但我發現自己投入得越多，反而越覺得空虛。

無論你在遊戲上花費了多少時間，誰也不知道這個遊戲在五年後、十年後是否還存在。萬一哪天官方一句「服務終止」，那些投入的時間和精力都將化為烏有。

遊戲和現實本來就是兩個不相連的世界，就算為了遊戲燃燒生命，也不會回饋到現實中的自己身上。

如果要這麼說的話，那就是人生終有盡頭，但我們依然努力活著。美食最終都會消化成排泄物，我們也心甘情願花錢品嚐。所以只批評遊戲確實有點不公平。

以前，我曾在換手機的時候，搞砸了遊戲數據轉移，結果我花了數十小時玩的遊戲數據全部消失了。每當我回想起當時的事，心裡就會覺得空虛得不得了。我投入的那些時間究竟算什麼？

再來是新聞APP和各種資訊網站。

仔細想想，我們會發現有很多事情其實是不需要知道的。明星離婚、熱戀緋聞、政客失言等等，對我來說都是無關緊要的事。

……雖然我這樣說話像是批評新事物的頑固老頭。

然而當我早上醒來時，第一件事是打開手機，點開社群媒體，在每個帳戶上傳「早安」和回顧動態消息，打開遊戲領取登入獎勵。通學時間看影片或新聞APP，上課時假裝抄筆記，實際上在桌子底下按讚。吃東西時不選自己想吃的，而是選「拍起來好看的」。不管是上廁所時、洗澡時，還是睡前，手裡總是握著手機。換句話說，已經到達了某種領悟的境地。

＊

我一回到家，就決定挑戰一下「數位排毒」。

我在翻閱了大量書籍後發現了這個詞彙，這是許多海外名人都在做的事（日本女生好像特別喜歡這種說法），就是在一定時間內遠離手機和社群媒體，從而擺脫成癮的狀況。

從簡單的日常行動，到放下手機去旅行的專門行程都有。

我決定先從前者開始。

首先，移除不必要的APP……然而，當我實際要這麼做時，卻發現我竟然挑不出半個不必要的APP，甚至連很久沒有登入的遊戲都捨不得刪除。即使我努力掙扎後移除了APP，但過不了兩天，還是會忍不住再重新安裝回來。

接下來，晚上8點過後不滑手機！把手機關機後放進上鎖的抽屜裡！然而，10分鐘後，我就難以忍受，還是打開了抽屜，開機，開始滑手機。

然後，我想要戒掉邊走路邊玩手機的習慣，因此試過把手機放在背包的最深處。但我很快就覺得無聊，忍不住放下背包，把手機拿出來。

於是，我下定決心，出門時把手機留在家裡。結果發現這樣在外面無法聯繫別人，不得不放棄這個方法。

儘管我想要擺脫持有智慧型手機這件事，想要擺脫自己不喜歡的那個自己……努力數位排毒，但今天我的手中還是拿著星巴克的新款星冰樂。

明明我真正想喝的是冰紅茶，但覺得星冰樂拍起來更上相，以天空為背景拍照的話，肯定會獲得不少讚。

啊！真是的！

我面對欲望實在是太不堪一擊了。

不行。明明想要戒掉卻戒不掉。真是蠢透了。

如果社群媒體消失就好了。如果手機遊戲消失就好了。可是，就算這些東西都消失了，又能怎麼樣呢？接下來我們會轉向新聞ＡＰＰ、影音平台，甚至是折扣券ＡＰＰ，到頭來只是換一個東西成癮罷了。

總之，我必須先遠離社群媒體！

我幾乎是強迫自己不再打開任何社群媒體的ＡＰＰ。雖然沒有勇氣刪除帳號，但至少我登出了。帳號名稱旁邊顯示的「此用戶正在追蹤你」三個字，一直是我內心的鎮靜劑。

這個計劃總算成功了，雖然只有四天，但我成功忍住不看社群媒體。

然而，四天後，當我再次打開註冊時間最長的社群媒體帳號時……發現我的追蹤者少了一個人。

少了一名追蹤者就像是少了一個活下去的理由。

我哭著查看我的追蹤者列表，看看是誰取消了追蹤。因為我有截圖追蹤者列表，所以很快就找出了取消追蹤的人。

「梅露露！？怎麼會！為什麼……!?」

我們已經互相追蹤快五年了，是在現實生活中也會見面的朋友。可是，她的大頭貼已經不在我的追蹤者列表裡了。

我打開LINE，努力壓抑內心的焦躁，盡量不帶情緒地開始打字。

「梅露露，好久不見。那個……不好意思，打擾一下。妳好像在社群媒體上取消追蹤我了，是不小心按錯了嗎？」

她幾乎是立刻就回覆了。

「不是，我沒有按錯，是我自己取消追蹤的。因為蜜柑妳最近都沒有幫我按讚吧？這樣互相追蹤就沒有意義了。有些人不管現實生活中有多忙，還是會幫我按讚跟留言。我更想跟那種人當朋友。蜜柑妳的話……就算了吧。再見。」

什、什麼！？

不按讚就不是朋友了嗎？

我一直以為在社群媒體之外，我們也還是朋友，但對方似乎不這麼認為？那過去我們談天說地的那五年算什麼呢？

雖然我有很多話想說，但她已經光速封鎖我了，再也無法和她說話了。太空虛了。我甚至連她的本名叫什麼都不知道。

仔細想想，沒有了社群媒體就會斷聯的朋友，她並不是唯一一個。我意識到我有很多這樣的朋友，很多人的電話號碼或電子信箱我都不知道，只能透過APP才能和他們聯繫。

太空虛了。就像視力問題讓我從智慧型手機的魔法中解脫出來一樣，她的這番話也讓我擺脫了對社群媒體的沉迷。

社群媒體是一種一對多的社交方式，讓我們以為自己與許多人建立起連結，但實際上並沒有連結到任何人，只要輕輕一按就能迅速斷絕這些關係。一旦封鎖或刪除帳號後，友誼就會瞬間化為泡沫。

如果能戒掉社群媒體，會有多麼幸福啊。

不過，我肯定戒不掉。那我乾脆讓智慧型手機從我的手中消失吧。那樣的話不曉得會輕鬆多少。

面對那個小小的世界，我們用佈滿血絲的眼睛盯著螢幕，滑動的手指甚至快要摩擦出火花。

在這其中，便利性變成了對認同的渴望，不知不覺中變成了「癌症」。這是一種心靈的「癌症」，既然是「癌症」就需要動手術切除。

即使在電車上，七人座的長椅上，七個不分男女老少都盯著手機螢幕，這似乎已經是再正常不過的景象。智慧型手機用戶是大多數，手機成癮已成常態，一個一億人沉浸其中的手機成癮社會。可對我來說，這就是「癌症」，一種惡性腫瘤。

手機甚至已經威脅到我們的生命。看著它、拿著它都很痛苦。我不想再依賴它了。所以，我要切除這個「癌症」。

多數人面前，每個人都是軟弱和順從的。哪怕你認為是白色的，如果有一百個人說「它是黑的」，它就是黑的。如果又有一千個人說「不，其實是白的」，那它又變成白的了。

再加上，人們本來就喜歡分出高低優劣。多數派毫無疑問是優越的，少數派則成了劣等的。如果切除了這個「癌症」，就會淪落為少數派，就會低人一等。

我明白這一點。但，那又怎麼樣？

我累了。感覺這輩子的成癮額度已經夠了，是時候該脫離了。我要發布解放奴隸宣言，切除這個「癌症」，找回真正的「我」。就像從前的歌手唱的那樣，從這種支配中畢業。

一般來說，多數派不代表１００％正確。

少數派也不一定１００％是錯誤的。

就算不勉強自己裝成普通人或迎合多數派也不會死。

如果手機成癮會磨耗身心靈，那我寧可不要當普通人，也不在乎自己是不是屬於多數派。

因為「現在」不代表永遠。

比如說，昔日的流行，像是緊身裙、黑膚辣妹、小篠原[2]。當時的人們肯定覺得這股風潮會永遠持續下去，從沒想過會有結束的一天。但現在那些風

2 模仿篠原友惠打扮風格的人。

格已經不存在了，我也只在電視上見過。

我們過度依賴智慧型手機和社群媒體的現在，還有Instagram網美照、珍珠奶茶，總有一天也會成為過去式。

也許有一天，令和時代出生的孩子會說：「智慧型手機早就過氣了吧！那不是平成時代的東西嗎！」

mixi的介紹文、前略個人簡介上尷尬的自拍照、ameba……十年前液晶螢幕中令我沉迷不已的時代和流行，早已從我的手中消失不見了。

現在的「普通」是很脆弱的，主流的多數派也有可能崩塌。與其被這些東西牽著鼻子走，我寧願按照自己的意志走下去。

如果現在的我選擇妥協，任由時代和流行擺佈，那十年後的我還剩下什麼呢？毫無疑問，只有後悔。抗拒時代和流行固然可怕，但總比日後感到後悔好。

我不想對自己內心的感受撒謊。

我想要擺脫那些纏繞在身上、握在手心裡的通訊裝置。我想根除在我心裡扎根的癌症。這是我唯一能想到的。

社群媒體上的我是偽裝出來的自己，就像為了氣勢而穿了高跟鞋一樣。如果一年365天、每天24小時都穿著高跟鞋的話，腳一定會痛、會流血、會長水泡。

我一直假裝沒有注意到這種疼痛，一旦意識到就再也無法忽視了。好痛，好痛，好痛，真的好痛。我想脫下高跟鞋，赤腳奔跑。

我正在被智慧型手機操控、被它支配。

再這樣下去，我會被智慧型手機吞噬，社群媒體會讓我窒息而死。我會沒命的。

不，這已經是一種自殺了。

我才不要這樣。趁著一切還來得及挽回之前——

*

春天到了，畢業就在眼前。

即將踏入職場的我，想要完全不用手機是不太可能的。

如果是這樣的話，那就回歸原點吧！我決定換回功能型手機。

我不要再用智慧型手機了，正式畢業。這個念頭讓我的心情豁然開朗。

我馬上跑遍各家手機店物色新手機。不管是哪一間店，功能型手機總是會被擺在最不起眼的角落，像是廁所門口之類的地方。

當我告訴店員「我想從智慧型手機換成功能型手機」時，有的店員直接發出了「啊？」的聲音，有的店員慌張地推薦我便宜的智慧型手機方案，還有店員瞪大眼睛驚呼：「怎麼會想換成功能型手機呀!?」讓我的決心一次又一次遭到打擊。

這讓我覺得或許可以不用換掉智慧型手機，只要調整使用方式就好。

但我就是無法克制住自己。當我看到智慧型手機時，簡直就像發情的公猴一樣把持不住自己。所以，我必須從根本上解決這個問題。

在這樣掙扎的過程中，四月就到來了。迎來了公司的入職典禮。

我成為了一家金融公司的新鮮人，隨之而來的是新的挑戰。

「我們成立一個新進員工的LINE群組吧～」

「忍足小姐，我會把妳也拉進辦公室的LINE群組的。」

天啊……！LINE！

我已經不需要玩社群媒體或手機遊戲了，所以才想換回功能型手機，但不能用LINE這一點很麻煩。公司大大小小的通知都是透過LINE傳達的，如果不能加入的話……

可惡，LINE，又是你！當初被迫換智慧型手機也是因為你！明明是個除了日本以外幾乎沒什麼人用的APP，存在感居然這麼強！

公司裡人人都有智慧型手機（也有人是智慧型手機和功能型手機各一

支）。當我搭主管或前輩的車時，他們也都是一手握著方向盤，一手滑著手機，彷彿這是再正常不過的事。覺得這樣很危險的我反而像個異類。

哎唷，該怎麼辦才好啊！

幾乎每天下班後去手機店已經成為了我的日常，今天我也踩著穿不習慣的高跟鞋，慢吞吞地走了過去。

包包裡的手機通知聲此起彼落。公司的LINE群組裡總是有人在說話，通知數不斷往上漲，讓人有點害怕。

我刻意不去看通知，走進店裡，側眼瞄到店員那副「她又來了」的表情，開始把玩角落架上的折疊手機。

我打開蓋子，在按鍵上飛快地按了幾下。

我喜歡這種感覺。沒有打錯字的風險，甚至不用盯著螢幕就能打字。說來奇怪，大家都還在用功能型手機的時候……我從來沒想過自己喜不喜歡，但現在卻喜歡得不得了。這大概就像是離婚後才發現前任的優點吧。

當然，功能型手機做得到的事不如智慧型手機多，有些人可能會覺得很不方便，但我還是覺得功能型手機很好。

這時，一位店員注意到我，走過來向我說明。

「雖然這款功能型手機的外觀做得像傳統的折疊手機，但它和智慧型手機一樣支援 4G 網路。您可以用 LINE，也可以瀏覽智慧型手機介面的網站喔。」

可以用 LINE 的功能型手機!?這下我最大的煩惱解決了。

我已經不再追求與萬人連結，也不需要再讓陌生人用手指輕易評價自己，或是讓自己陷入無盡的消磨時間。

功能型手機能帶給我更多奢侈的時間。擁有空閒時間也許才是最奢侈的，就像鵝肝一樣珍貴。

我下定了決心。

＊

我打開智慧型手機裡的書籤，用食指指腹點擊了刪除社群媒體帳號的頁面。其實我把這個頁面加入書籤裡已經有一段時間了。

但我一直猶豫不決。刪除社群媒體帳號，對我來說就像是抹殺自己曾經的生活。每當出現「是否確認刪除帳號？」的提示時，我的手指總是微微顫抖，無法按下「確認」按鈕。當時我感到很害怕。

而現在，我已經準備好了。我可以狠下心來抹殺掉曾經的自己。如果不這麼做，我就活不下去了。

因為我已經不再是奴隸了，我要抹殺的對象就在螢幕裡。

過去的我，像個被鎖住的奴隸，而現在的我已經解脫，該活出真正的自己。於是堅定地按下了「確認」鍵。

儘管我知道只要輕輕觸碰就感應得到，不知為何，我按壓的力道大到螢幕都快裂開了。

彷彿殺死活物般的溫熱感從指尖慢慢傳遍了全身。雖然感受應該是溫暖的，但剛剛流的汗突然消失了。儘管烈日炎炎，我卻像是洗完冷水澡一樣打了個冷顫。過了不久後，我意識到這種感覺其實是清爽的。

低頭看了掌心上的裝置，我的帳號已然不存在了。

螢幕上彈出「您要註冊嗎？」的提示時，我斬釘截鐵地選擇了「否」，因為我已經擺脫了智慧型手機的奴役。

對於曾經與我有互動的追蹤者來說，我在這一刻就像「死亡」了一樣。但現實中的我，卻覺得自己彷彿剛剛重生。

我還陸續刪除了ＬＩＮＥ上的好友。

其實，我早就隱約察覺到，有些人雖然名義上是朋友，但早就已經把我封鎖了。只有在螢幕裡是朋友，這種感覺有點滑稽。

當我將他們一個接著一個從螢幕上刪除時，我把真正希望繼續保持聯繫的朋友寫在了筆記本上。

而僅存的這些人的名字才會出現在我的手機通訊錄裡。

其實我並不需要和１００人或１０００人建立連結。

如果是以前的我，有１００個人的話，我就會希望這１００個人都喜歡我。但我現在明白了，過於緊密的交集只會讓心裡更痛苦。與其和１００個人有表面上的聯繫，我寧願和10個人有心靈上的連結。

我「篩選」（雖然這個說法不是很好聽）朋友的標準就是——我想不想和這個人相處一輩子都不分開。

那些被精挑細選過的朋友們都很爽快地回覆我：

「以後就不用ＬＩＮＥ聯絡了，改用簡訊或電話是嗎？ＯＫ。」

原本以為說這樣的話會引起朋友反感，但現實中的友情是真真切切的友情。從智慧型手機換回功能型手機的最大收穫是，讓我重新審視我的人際關係。

於是，在2017年8月13日這一天，我跑進了手機店。

「不好意思，我想把智慧型手機換成功能型手機！」

這句話聽起來就像是一位從不失手的醫生喊出了「手術刀！」此刻，我覺得自己簡直就是米倉涼子。

我不顧面有難色的店員，堅持繼續辦理相關手續。

來吧，割開我的皮膚，把這個癌症從我體內切除掉吧。

當然，我知道有些人因為智慧型手機的存在而得到救贖。

公開宣稱自己患有發展障礙的栗原類在他的著作中寫道——

「在某些情況下，有發展障礙的孩子使用智慧型手機或平板電腦，學習起來會比較輕鬆。」

「智慧型手機在許多方面幫助了我。」

這些我都明白。

所以，我也覺得不應該使用「癌症」這麼激烈的比喻。但對我來說，卻也找不到比這個更適合的詞彙。身為智慧型手機的奴隸，在我擁有的小小字典裡，無論怎麼查，癌症就是癌症，無法改變。

不對於能與手機保持適當距離的人來說，它確實是很便利的現代工具。不過，對我這種無法保持適當距離，反被吞噬、被支配的人來說，它就像癌症一樣。

所以我要切除它。

不需要手術刀，不需要麻醉，也不需要住院。我需要的只是一點點的行動力。

在切除了這個癌症（戒掉智慧型手機）後，我拿著淡彩色的折疊手機走出店門時，感覺自己是世界上最開朗的人。

當我走在路上擺動手臂時，已經聽不到被智慧型手機束縛的鎖鏈聲了。

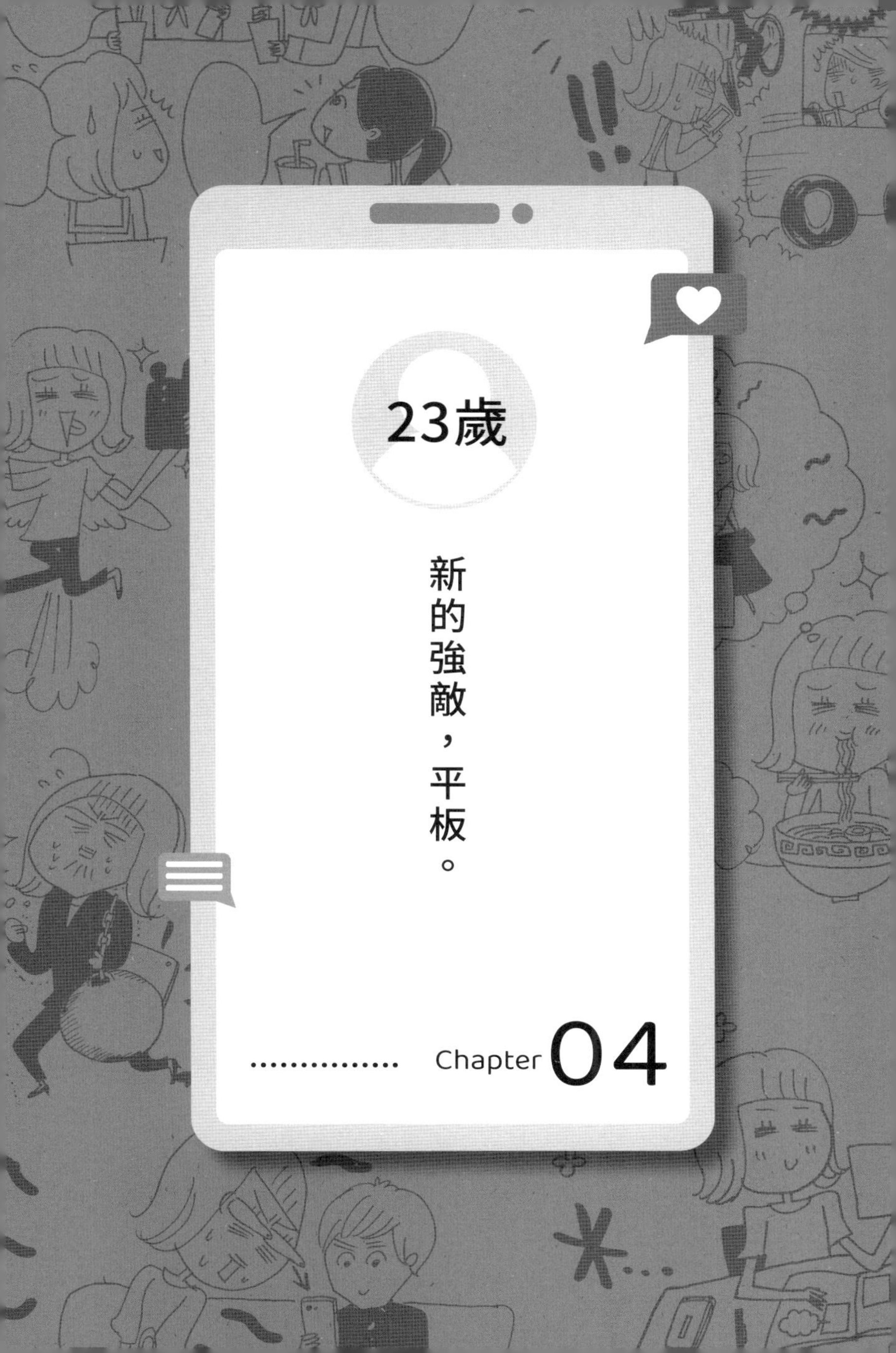

23歲

新的強敵，平板。

Chapter 04

如果你深受手機成癮困擾的話，為什麼不乾脆戒掉呢？

當我拎著裝有功能型手機的紙袋回家時，我覺得自己的心情就像是瑪麗・安東妮一樣，東京下町也變成了凡爾賽宮。

擦肩而過的人們，無一例外都是「智慧型手機的奴隸」。想到不久前我也曾低著頭，被智慧型手機延伸出來的項圈束縛著，就讓人不寒而慄。

而現在，我終於擺脫了！雖然作為現代人，我可能變弱了，但作為忍足蜜柑，我活得更輕鬆了。如果厭惡成癮、為成癮所苦，果斷放手你所依賴的東西是一個好主意。這下我的奴隸生涯就結束了！我自由了！

……但這個想法也沒持續多長時間。

仔細一想，瑪麗・安東妮的榮華富貴也沒有持續很久。《凡爾賽玫瑰》我反覆看過好幾遍，連奧斯卡的台詞都背得滾瓜爛熟，現在卻早已忘得一乾二淨了。

對我來說，斷頭台就是我從手機店回家的路上，離家最近的車站那段手扶梯。手扶梯說長不長，說短不短，是那種隨處可見的一般長度，搭乘時間大概連一分鐘都不到吧。

我輕快地踏上手扶梯，看見前面站著一位年紀較大的上班族，他的頭低垂著，就像是每個現代人的預設姿勢一樣。我得意地在心裡想道：

「呵呵，看來你還是智慧型手機的奴隸呢。」

十秒後，我的心臟跳得像是被當成太鼓來打，彷彿隨時要開始跳起盂蘭盆舞一樣，呼吸急促了起來，動靜堪比會被投訴的噪音。我那沒什麼起伏的平坦胸脯像是坐上遊樂園的自由落體設施，被重力拉扯著。

好難受。這是什麼情況？我到底是怎麼回事……？該不會是心肌梗塞那一類的毛病吧!?我才二十多歲啊！

乍看之下，我簡直像個突發急症的病人，但這可不是什麼心臟疾病。手扶梯兩側的鏡子——不知道是讓人整理儀容還是防止性騷擾——清清楚楚地告訴了我答案。

明明應該是空著的右手，卻做出一個像是握著什麼東西的姿勢。沒錯，那就是握著智慧型手機時的姿勢。我是什麼時候開始做出這個姿勢的？我完全沒有任何印象，這是無意識的動作。

不知不覺中，我的身體已經記住了握著智慧型手機的姿勢。天啊，這也太可怕了吧！我的身體似乎再也無法忍受沒有智慧型手機的空閒時間了。這到底是怎麼回事，真是太可怕了！

不，我已經決定不再當智慧型手機的奴隸了。

事實上，我現在也不是智慧型手機用戶了。無論是翻遍口袋，還是把包包倒過來，都不會找到那個像毒品一樣的發光長方體。就算要搜查全身也沒問題，我沒有把它藏在任何地方。

但我的右手卻依然不自然地保持著握著什麼東西的姿勢，而且我死死盯著空蕩蕩的手心，開始因為「裡面什麼都沒有」而感到不安。

咦，等一下。四年前我還沒有智慧型手機。是啊，智慧型手機對於人類社會來說還是新事物。那四年前的我到底是怎麼過日子的？我是怎麼活過來的？……我不記得了。明明四年前我也確實存在於這個世界上，我也不是一出生就握著智慧型手機的。

我完全不記得沒有智慧型手機時的自己是什麼模樣。難道就沒有人不是智慧型手機的奴隸的嗎？哪怕一個也好，我可以模仿他。但我環顧四周，卻找不到這樣的人。

為了讓自己冷靜下來，我努力穿過一波又一波的手機殭屍，然後走到牆邊，從手機店的袋子裡拿出折疊手機，啪噠一聲打開。打開、闔上、再來回撫摸。

我可是下定決心不再當智慧型手機的奴隸才放棄智慧型手機的。這種沒有實體的東西竟然能這樣掌控人們的身體和思想，這個名為智慧型手機的君主，真是個獨裁的暴君。

但我是不會屈服的。我緊咬嘴唇，把折疊手機收好，邁步向前走去。

我想，這肯定是因為才剛戒掉智慧型手機沒多久，身體還殘留著那種依賴的錯覺。啊！對對對，這就是所謂的後遺症，手機成癮的後遺症。

過去的我是個典型的智慧型手機成癮者。就像酗酒者戒酒或藥物成癮者戒毒一樣，我也需要將體內殘留的那些對認同的欲望排毒掉，並培養對空閒時間的耐受力。

不過，我想很快就會適應的。畢竟我換成智慧型手機時，親身體會過這一點。

「這麼難用又刺眼的東西怎麼可能會流行起來啊！」

這就是我對智慧型手機的第一印象，當時換機型的時候也很不情願。可沒想到，我的日常生活就這樣像滾雪球一樣飛速地被它佔據，回過神來時，身心早已完全被智慧型手機左右了。

所以說，再過一週，我應該就會開開心心地慶祝自己重獲自由，享受與折疊手機的甜蜜約會……我希望是這樣的。

＊

一週後。我如往常一樣醒來。床頭的插座上連接的不再是智慧型手機，而是一支沒有安裝任何社群媒體或遊戲的功能型手機。

現在，我不再需要一早睜著惺忪睡眼，拚命回顧睡著時錯過的河道，因為我已不再是智慧型手機用戶了。

當我不再需要挑上相的早餐吃以後，省下了不少餐費。說到底，那些網美早餐分量都少得可憐，常常還不到中午我就餓得不得了。比起那些微笑薯餅或是角色造型的飯，其實我更愛吃簡單的生雞蛋拌飯。

然而，在我出社會的第一年，每次踏出家門的通勤時間都讓我重新意識到自己有多麼地依賴智慧型手機。

在公寓的走廊、電梯裡、去車站的路上、車站的手扶梯上、電車裡、到公司的路上，我總是不自覺地在尋找不存在的智慧型手機，右手會莫名其妙擺出握著長方形物體的姿勢，這讓我驚恐不已。

以前還在用智慧型手機的時候，我曾經安裝過一款APP，可以顯示每天使用手機的時長。雖然看到數字的時候嚇了一跳，但心裡總會安慰自己：「每個人用的時間都這麼長啦。」然後選擇視而不見。

直到我像遇見老鼠的哆啦A夢一樣，手忙腳亂地翻口袋找手機時，才猛然清醒過來，意識到「這情況不太妙」。

搭上電車的時候，想找一個沒有在滑手機的人，反而跟《威利在哪裡？》一樣困難。公司開晨會的時候，大家也都是偷偷摸摸地在滑手機。

這畫面我在大學的時候也經常看見。坐在大教室的後排，放眼望去，大家都把手機藏在桌子底下，右手假裝在做筆記，但實際上都在用左手滑手機。

明明只要稍微忍耐一下不看就好了，但偏偏就是做不到，就是那種感覺。

原來我曾經也是那樣的啊。現在想想真是佩服自己，居然不會覺得累。畢竟我才經過短短四年就已經筋疲力盡。即使去整骨院、按摩店，用盡各種恢復體力的「咒語」和「療法」，疲勞感還是揮之不去。

當我看到人們不分男女老少都盯著手機一動也不動時，總覺得他們實在是太有韌性了，簡直就像阿諾・史瓦辛格。好吧，也許這樣比喻有點誇張，但他們真的是堅韌不拔。

為什麼大家都不覺得累呢？還是其實大家都很累了，只是掩飾得很好？用個智慧型手機有必要把自己逼到這種程度嗎？

「蜜柑，妳真的換回功能型手機了哦？笑死，妳應該後悔了吧？」

被職場的前輩這麼一說，我一瞬間有點動搖——也許我根本不需要做到這種地步，非得把智慧型手機戒掉不可。但如果我再勉強自己繼續用下去的話，肯定早就崩潰了吧。就像那些手指磨出血泡仍要繼續投球的投手，最後弄傷了肩膀，再也無法投球一樣。我想，我應該已經到了那種地步了。

畢竟我也嘗試過無數次數位排毒，卻怎麼樣都無法和手機保持適當距離。

有可能我的肩頸已經惡化到需要看整形外科的程度，也有可能我的視力嚴重受損，還有可能因為邊走路邊滑手機而發生意外。對我這樣的人來說，比起智慧型手機，還是功能型手機更適合我。

就像咖哩也有分甜味、辣中帶甜和辣味。還可以選擇要搭配雞肉、豬肉、牛肉、肉醬或椰奶。咖啡也有分黑咖啡、牛奶咖啡、拿鐵、咖啡歐蕾、美式咖啡等多種選擇，那通訊裝置只有智慧型手機一個選擇的話也太奇怪了。

要是我們也能在智慧型手機、功能型手機，還有什麼穿戴式裝置之間自由選擇就好了。

所以，選擇功能型手機對我來說是正確的決定。

我很慶幸自己擺脫了「智慧型手機奴隸」的束縛。

「不不不，功能型手機用起來很輕鬆的。」

我笑著對前輩說道。

可喜可賀、可喜可賀。

《為了找回自己，決心數位戒斷》

完

……不過，事情要是真的有這麼簡單就好了。智慧型手機奴隸的命運可不是那麼容易擺脫的，這就是它可悲的宿命。

好了，聽我娓娓道來。接下來才是全餐中的主菜。終於能嚐到那塊鮮嫩多汁的牛排了，讓大家久等了。

當我從功能型手機換成智慧型手機時，不過三天，我已經完全適應了智慧型手機的生活，彷彿出生時就已經拿在手上。順理成章地被調教成智慧型手機的奴隸，連自己被套上鎖鏈和項圈都沒有察覺。

然而，在沉迷於智慧型手機一段時間後，再換回功能型手機時，我的心卻無法輕鬆地接受過去的狀態。畢竟，我曾經是個奴隸。突然被放歸野外，怎麼可能適應得了呢。

戒掉智慧型手機後，我的生活變得更加規律了，甚至可以說是變得更健康了。但曾經作為奴隸的烙印是無法抹去的，依然會隱隱作痛。

我明明很厭惡對智慧型手機的依賴，甚至覺得拿著智慧型手機很痛苦才想擺脫掉的……但我卻仍然很痛苦。

我無法把內心的感受轉化成文字上傳到社群媒體上。明明吃了什麼、去了哪裡，卻都不能拍照上傳分享。

I want 讚

I need 讚

I love 讚

如果不能上傳到社群媒體上，就會覺得吃什麼東西都一樣，甚至都不想出門了。

我對空閒時間的耐心變得極度薄弱，連站在手扶梯上短短不到一分鐘，都會因為空著的右手而感到煩躁。

我想刷社群媒體、想滑新聞APP、也想看影片！

戒掉智慧型手機後，確實輕鬆了不少，對於換成功能型手機一點也不後悔。以後要換新手機，我也不會再選擇智慧型手機。這是我的真心話。但在我的身後，似乎還有一個我，像在玩二人羽織[1]一樣，緊緊地貼著我。那個智慧型手機成癮的我低語著：

「就算你戒掉了智慧型手機，你依然是它的奴隸❤嘿，就算不是智慧型手機，妳還是可以查看社群媒體，瀏覽新聞、看影片、玩遊戲……沒有什麼事情是做不到的……對吧？」

那聲音妖媚得就像是在對魯邦撒嬌討珠寶的峰不二子一樣。

我買的雖然是功能型手機，但也是支援4G的功能型手機。手機店裡的功能型手機大部分都是這種支援4G的機型。近年來，大家都在說「功能型

1 二人羽織是一種日本搞笑表演形式，由兩人合穿一件外衣，一人當臉、一人當手，裝成一個人行動。

手機很快就會被淘汰」，但那指的是3G功能型手機（順帶一提，一些舊款智慧型手機也是3G的）。

4G功能型手機又被稱為「半智慧型手機（ガラホ）」[2]，雖然外型和折疊手機一樣，但它的通訊網路和智慧型手機一樣是4G的。

雖然不能像智慧型手機那樣下載APP（有些國外的半智慧型手機是可以的），只要能上網就代表……嗯……很危險的。

當智慧型手機這樣無法抹去的烙印像中二病一般疼痛時，掀開功能型手機輕輕一按就能開啟網頁的按鈕，就像叶姊妹在酒吧裡主動搭訕毫不起眼的中年男子一樣，猶如昭然若揭的美人計（也許真的有性感美女偏好中年男人啦）。

在電車裡、在手扶梯上，或是步行到目的地的路上，我已經忘記該如何在沒有智慧型手機的情況下打發這一分一秒的空閒時間。一旦我空閒下來，那股焦躁感就會像一把火，在我的屁股下低溫慢慢烘烤。

「閒暇」就像破了洞的船開始進水一樣，慢慢地滲透。除非使用社群媒體、遊戲或其他能幫助你忘記閒暇的東西，否則就無法把船裡的水舀出去。「閒暇」這個詞聽起來很悠哉。「閒」跟「暇」都透著一股懶洋洋的悠閒感。把這兩個字結合在一起，更是將那種閒散氛圍增添了兩成。

然而，每當我空閒下來，我就焦躁得坐立難安。甚至會感到不安、心悸，甚至冒出冷汗。

因為我的主人（智慧型手機）已經把我調教成這副德性了。

每當我一感覺到無聊，就會忍不住想用手機上網，在搜尋引擎中輸入社群媒體的名字，登入並加入書籤。新聞網站、影音平台……這些東西只要想看，根本擋不住。

2 ガラホ（Gara-phone）：結合功能型手機（Gara-keitai）和智慧型手機（Smartphone）的說法。除了基本的打電話和傳簡訊之外，還可以連接網路。

說到底，當初決定戒掉智慧型手機時，就應該連同社群媒體一併斷乾淨。在換手機之前，我嘗試刪除那些用來分享照片、充滿「網美照」和「按讚數」的社群媒體的帳號和APP。但從高中開始用的社群媒體裡，還可以和學生時期的朋友們保持聯繫，所以讓我猶豫不決，最終還是下不了手刪除。

社群媒體的優點是可以輕易與任何人建立起聯繫，而另一方面的缺點是也很容易與人斷絕聯繫，這曾經令我苦惱不已。之後我漸漸意識到，哪怕有天我臉上出現皺紋、腰背佝僂、戴上老花眼鏡，還是可以透過社群媒體和那些我願意稱作「朋友」的人們保持聯繫。

這不像學生時期，每天見面都會說「明天見」。成年以後的友情需要用心維持，否則很快就會結束。而其中一種維繫友情的方式就是社群媒體。

對於那些不熟悉社群媒體的世代來說，或許這些都不是問題。然而對於從出生起就擁有智慧型手機的世代來說，他們可能也不會在意這些問題。但對於我們這些處在中間的世代來說，情況就比較麻煩了。

過度追求聯繫會給心靈帶來負擔，但無法與人建立聯繫又會令人感到寂寞。這就是我遲遲刪除不了社群媒體帳號的原因。

快速電車裡，充滿了閒暇的氣息。每個人都盯著自己的智慧型手機。

我再也忍受不了片刻閒暇，好想要與人們建立聯繫。在這樣的衝動驅使下，我還是忍不住打開了我的功能型手機，連接網路。儘管我好不容易才戒掉了智慧型手機，卻還是用功能型手機連上社群媒體。

當我盯著螢幕看時，就像被全身麻醉了一樣，完全不覺得無聊，反而有一股暢快感。然而，這種暢快感卻伴隨著一絲苦澀。

「啊～我到底在做什麼呀。明明都戒掉智慧型手機了，結果我還是在用功能型手機看社群媒體，這樣還有什麼意義啊！」

我一邊罵自己笨得可以，一邊打開功能型手機，透過書籤瀏覽社群媒體。

雖然會因為「都過30分鐘了……」而陷入自我厭惡中，但還是無法停止這個行為。

此外，在戒掉智慧型手機的時候，我還買了一台平板。

其實當時要買平板時，我心裡是有點害怕的。說穿了，平板就不是放大版的智慧型手機嗎？雖然它不像智慧型手機那樣方便，可以隨時放進口袋或拿出來，但大家還是會隨身攜帶。

我很確信，繼智慧型手機成癮之後，我也會平板成癮。

雖然這不是什麼能拿來吹噓的事，但我可不是白白當智慧型手機的奴隸的。自己是什麼德行，我比誰都清楚。

不過，我家沒有電腦。每當我臨時需要查找東西時，都覺得如果有一台平板會更好。而且，萬一在求職的時候，有非用不可的APP呢……所以我買了一台只放在家裡的平板，而且規定好了使用時間。

本來應該是這樣的。但鬼使神差地，每次連接上手機的網路後，我就會違反自己規定的使用時間，一次又一次地超過了5分鐘、10分鐘。

更糟的是，我居然開始把平板帶出門了。當其他人都低垂著頭，盯著手裡的手機看時，我則是拿著一台平板，在螢幕上滑動指尖。

其實，我早就預料到了這種情況，所以買的平板是市面上最重最大的那一款。大家可以想像成屋頂上的瓦片，差不多就是那種感覺。幾乎是個小型凶器，尺寸和重量足以讓柯南和金田一把我當作嫌疑犯。

當時我的想法是，萬一我對平板成癮的話，它這麼重，拿久了手也會痠痛，也就會自然而然放下它了。無論是多少容量，系統是 Apple 或 Android，對我來說都無所謂。

「請給我最大最重的那款平板。」

我對著店員說了這番像是相撲界的星探會說的話。放馬過來。多多指教。

「又大……又重……？呃，容量呢？有沒有想看什麼品牌……？」

店員一臉茫然地問道。不過我心裡很明白，如果不是又大又重的平板的話，我這顆脆弱的心是會禁不起誘惑的。

而現實是，我已經要在誘惑中迷失了。

重得要命。老實說，這算是修行吧？還是該說是苦行呢？這讓我想起了《七龍珠》裡悟空和克林揹著龜殼訓練的場景。

我剛踏入金融業，擔任業務的第一年，我的隨身包包就已經塞滿了手冊、文件、工作用平板和刷卡機，還有要送客戶的伴手禮。這些東西堆在一起重得離譜，我放到體重計上一秤，竟然有8.5公斤。

「忍足小姐，妳之前因為烏龜脖嚴重肩頸痠痛，看見妳換成功能型手機後，我還稍微放心了一點。結果妳現在揹這麼重的東西，接下來可能會變成腰痛喔……」

連整骨院的整體師都忍不住這麼說，可見這個包包是多重的負擔。但我還是習慣在裡面偷偷塞進一台平板，無聊的時候就忍不住拿出來打開。

我不該買平板的。

但是，就算買了一台無法上網的手機或是根本沒買平板，我可能還是會

這什麼情況？修行嗎!?
沉重
根本是顆鐵球

跑去網咖用電腦，或者乾脆買一台筆記型電腦隨身攜帶。

智慧型手機的奴隸。

我以為只要不再使用智慧型手機，一切問題就會迎刃而解。

但問題是，智慧型手機這種通訊裝置，就算實體不再存在，卻也已經改變了我的思維，所以只是放下智慧型手機並不意味著問題得到解決。

即使沒有智慧型手機，我也已經無法再忍受空閒時間。我的手習慣性地形成握著長方形物體的動作。一旦遇到特別的體驗時，內心的自我表現欲就會蠢蠢欲動，想要炫耀一番。

就像癌症一樣，即使透過手術切除了，體內殘留的一些癌細胞是需要透過放射線治療來消滅的。現在我內心發生的情況……正是如此。

戒掉智慧型手機……這種粗暴的方式確實讓我輕鬆了一點，但除非我進一步用更細緻的方式調整心態，否則我將永遠無法擺脫智慧型手機的奴隸。

於是，我再次拿起功能型手機和平板，為了實現真正的「解放智慧型手機奴隸宣言」，展開數位排毒之旅。

首先，我決定刪除手機裡所有社群媒體的書籤。然後嚴格遵守當初的規定，把平板留在家裡。然而，就在我下定這個決心後——

「請大家下載我們公司自行開發的健康資訊APP。每個人每個月要完成5次推廣，自己一定要下載。一開始，你可以推薦給親朋好友，並且一定要推薦給客戶。記住喔，每個月5次。」

公司的晨會上竟然宣布了這樣的重磅消息，這意味著我不得不下載公司營運的健康資訊APP。

在註冊時，需要輸入辦公室名稱和員工ID，根本無處可逃……！

天啊……

算了，下載就下載，我把平板留在家裡就好了，沒問題。不過，要讓5個認識的人下載可能有點困難。

「還有，為了向客戶清楚地介紹ＡＰＰ的實際操作方式和便利性，大家務必要好好熟悉這個ＡＰＰ，我會每天檢查的。」

什麼──！這樣我不就不能把平板留在家裡了嗎？

我瞪著平板上那個方形的ＡＰＰ圖示。

真是的，為什麼又是ＡＰＰ啊……現在不管走到哪裡都會要求下載ＡＰＰ。在服飾店付款的時候，註冊卡拉ＯＫ會員的時候，就連我前幾天去看牙醫也是。

「我們診所從這個月開始廢除實體診療卡，要請您下載診療卡的ＡＰＰ喔。」

聽到這句話，我當場愣住了。

診療卡的ＡＰＰ!?

我差點沒拿穩裝有整骨院和診所診療卡的盒子。

電子化或許能讓行政作業變得更輕鬆，但真的有必要通通都和智慧型手機綁在一起嗎？

最近這個世界是不是被智慧型手機侵蝕得太嚴重了？這和我小時候看過的《西遊記》繪本很像，裡面有個反派妖怪，當牠喊名字時，如果回應了，身體就會被吸進牠手中的葫蘆裡。

「喂，集點卡。」

「在這裡。」

「喂，會員卡。」

「在這裡。」

「喂，診療卡。」

「在這裡。」

就這樣，全都被智慧型手機吸了進去。

「呃，一定要安裝嗎？」

我有些為難地問道。

「我們都是這樣告訴每位患者的。」

可愛的櫃檯小姐笑著回答。

「唔……」

我沉默了幾秒後，一位看起來更資深的阿姨探出頭來說：

「實在不行的話，還是可以繼續用紙本診療卡的。像我的手機沒有空間了，也還是繼續用紙本診療卡。」

最後算是有驚無險地解決了這件事。我心裡想，有時候還是要好好表達出自己的需求呢。不過，面對公司的APP，這招可能就沒那麼管用了。

儘管跟薪水一點關係都沒有，我還是得下載APP，還得學會怎麼操作，甚至被迫隨身攜帶平板。

我不想再當智慧型手機的奴隸，但這個社會偏偏不肯放過我。

逆風的我，感覺就像個準備發動政變的反叛者。

不過，我又不是什麼「進擊的忍足」，痛恨智慧型手機到非得把它們全都驅逐出去，一個不留地驅逐出這個世界！我只是對智慧型手機感到疲倦，更喜歡功能型手機而已。

我只想用自己喜歡且用起來順手的東西。畢竟通訊裝置是我們生活中的一部分，我不喜歡那些令人不快、難以使用或損害我心理健康的東西，但偏偏總是會有雞毛蒜皮的小事澆熄了我對數位排毒的熱情。

「忍足，平板那麼重，APP也不好操作吧。」

坐在我斜前方的前輩不知道為什麼總是會調侃我的「功能型手機」和「數位排毒」。

剛換成功能型手機時，他就一臉壞笑地說：

「妳後悔了吧？對吧！一定後悔了吧。」

然後又會說——

「我們家的孩子同時用好多社群媒體呢。現在的年輕人沒有智慧型手機怎麼活得下去呀？」

這是他最近老掛在嘴邊的話。

以前也有過類似的情況。

當我在星巴克啜飲著黑咖啡時，放在一旁的功能型手機突然閃爍了一下。收到訊息了。

當我打開手機，用實體鍵盤輸入回覆內容時，有笑聲傳進了我的耳裡。不是友善的笑聲，而是嘲笑。

聲音的主人是一個拿著鮮奶油飲品的女高中生，她拍完照片後，默默地盯著智慧型手機看了一會兒，然後抬起了頭。

「妳看，是功能型手機耶。」

「真的假的，連我阿嬤都在用智慧型手機了。」

這種情況其實經常發生。

但那又怎樣？這個世界對於「不一樣」的人本來就很冷漠，這點我早就心知肚明。所以，面對討人厭的前輩，我也只是笑了笑。

「我就是喜歡這個。」

我下載了公司的ＡＰＰ，輸入了員工ＩＤ，然後迅速關掉平板的電源，馬上塞進包包裡。這麼一來，下載次數就有一次了。這樣應該就夠了吧。

至於下載次數的業績……反正又不影響薪水。無論我使用得熟不熟練都不會反映在我的薪水上，那就不管它了。再說，儘管它只是一個提供健康資訊和計步的ＡＰＰ，但萬一沉迷了就糟糕了。

策略① 關閉電源

之前還在用智慧型手機的時候，我曾經為了數位排毒刻意關機或故意不充電，帶在身上的時候讓電量維持在只剩15％左右，但這麼做也曾經讓我錯過了重要的聯繫。

但我平板上會收到的通知根本不緊急。

無非就是一些不必馬上回覆的社群媒體通知和網路新聞的新文章。職場或親朋好友等真正重要的聯繫還是會透過手機，平板只是額外的輔助工具，沒有也無妨。

而且，我已經習慣隨時隨地手指一點就能馬上開機，指尖在APP上滑幾下就能獲取最新資訊，可以馬上看到自己想看的內容，按下電源鍵等待開機的這幾分鐘讓人感覺特別漫長。僅僅是幾分鐘，卻讓我感覺像是做了一件繁瑣的事情。

有時候，我發現自己打開平板就跟呼吸一樣自然，但在等待開機的這幾分鐘，我又會像自由落體般瞬間清醒過來。

「妳很想看社群媒體吧？想看影片吧？閒下來很煎熬、很痛苦吧？就稍微用一下平板嘛，不會遭天譴的。妳看，周圍的人還不都是智慧型手機的奴隸☆妳能意識到這一點已經很棒了，而且妳還換回了功能型手機，太了不起了！所以偶爾用一下平板也沒關係的啦，寶貝☆」

剛剛迴響在我大腦裡，驅使著我的指尖的惡魔低語，總會被另一個震耳欲聾的聲音狠狠壓制——

「不不不，我現在不需要看社群媒體。河道上也沒什麼特別的事情發生。我又不是明星，我人在哪裡、做了什麼，根本沒有人感興趣。」

這段從開機到載入完成的短短幾分鐘反而成為了我用來鎮定自己的時間。

老實說，還好啟動需要花不少時間。如果它能在5秒內啟動，我大概早就敗給了惡魔的低語，無論是在電車上、手扶梯上，甚至邊走路邊滑平板，完全無視重量對手臂和手腕帶來的負擔。至少在等待啟動的這幾分鐘裡，我可以設法平息自己的欲望。

不過，有時候就算經過幾分鐘的等待也無法消除內心的「欲望」。

「啊，怎麼辦，怎麼辦？我好想看平板，我想打開看，一分鐘就好！」

我的「本能」會像個耍賴的小孩一樣撒潑打滾，而我的「理性」則是一頭冷汗，看著我問道：「呃，現在該怎麼辦？」

他看著我，渾身冷汗直冒。

這種時候……不能屈服。但我會做出一點小小的讓步。

「我的『理性』，我們就看一下平板吧。」

「但那樣不就等於順從了『本能』的意願了嗎？我會用盡全力壓制住『本能』的。」

「那可不行。」

「為什麼不行？再這樣下去，我擺脫智慧型手機奴隸的計畫就要失敗了！」

「聽好了，我的『理性』。依照我的個性，如果現在強行壓抑這股欲望的話，之後肯定會反彈得更強烈。」

「反彈？」

「如果現在忍住不看的話，回到家就會毫無意義地一直滑社群媒體，或是開著YouTube看一堆冷知識影片，回過神來發現兩個小時就這樣過去了。

所以，不如現在就看個一分鐘，然後立刻關機。」

「原來如此，我明白了。」

「那就去吧，衝鋒！」

和「理性」進行的自問自答，到此結束。

我深吸一口氣，緊緊抱住平板。

忍到那個街角之前都不要看平板。然後，轉角過後有個吸菸區，在旁邊滑個平板，一分鐘就好。

我帶著不太符合這條熱鬧街道氛圍的嚴肅表情，在人潮中穿梭，與和家人結伴的人群和上班族擦肩而過，每一步都壯烈得像戰士。

此刻，我唯一專注的，是自己的呼吸。

要用一種「完全不像自己、不是手機的奴隸、能夠與手機保持良好距離的人」的呼吸節奏走到目的地。到時候要打開平板時，就不會像餓虎撲食那樣失控。也不會在心裡偷偷動搖，想說：「再多看5分鐘就好。」

以下這個點子是來自於為峰不二子配音的聲優澤城美雪的一段話。

「我走在路上的時候，我會用○○這個角色的步調和氛圍走到前面的轉角，再用△△這個角色的步調和氛圍繼續走，我是這樣訓練自己的角色塑造的。」

當聲優宅朋友跟我分享這件事時，我心想，「這也太厲害了吧！不知道能不能運用在脫離智慧型手機奴隸的計畫上呢？」

雖然我沒辦法發出像峰不二子那樣性感的聲音，而且我的表演經驗僅限於在學校的話劇表演上飾演村民A，但既然已經決定要「看平板」後，我告訴自己：

「在走到允許自己看平板的地方之前，我要好好扮演一個不怎麼依賴智慧型手機或平板的人……好好地看著我吧，送紫玫瑰的人……！我要成為一名女演員！」

只要這麼一想，每次抵達允許看平板的吸菸區，設定好手機的1分鐘計時器，然後再打開平板時，我總是能在計時器響起之前，就從數位世界回到現實。曾經那些渴望得不得了的社群媒體，此刻看起來也不過如此。

再加上吸菸區旁總是煙霧繚繞，根本待不了多久。我迅速收起平板，乾脆俐落地閃人。

這個作戰策略出乎意料地有趣，我開始在各種情境下嘗試。在等紅綠燈的時候，我會想：「這麼一點時間，我忍得住不看平板，哼哼♥」

在搭手扶梯的時候，我會想：「好！在下手扶梯之前我會忍住！我要成為智慧型手機脫離王！」

就這樣，我成為形形色色的角色，甚至還會幫自己扮演的角色添加設定。

雖然我是個演技一點都不好又容易害羞的人，但如果要我扮演一個「對智慧型手機漠不關心的人」，我應該可以輕鬆拿下日本電影學院獎。連月影老師也會大吃一驚的。

有意識地「等待」和「忍耐」其實會帶來意想不到的好處。在憤怒管理（Anger Management）中，有一條「6秒規則」，當你感到憤怒時，只要能撐過6秒，怒氣的高峰就會過去。照這個邏輯，每當內心湧現「好想打開社群媒體啊！」的強烈欲望時，試著在心裡慢慢數：「1、2、3、4、5、6。」這麼一來，欲望就會稍微平息。成功忍住的次數越多，信心也會隨之增加。

策略② 大聲說出「今天絕對不碰手機」

在我成為社會新鮮人的第一年，忙碌的職場生活中，我的脫離智慧型手機奴隸計畫也在同步進行著。

那段日子，我總是繃緊著神經。想不到「斷絕電子產品」竟然如此耗費能量。以前「手機疲勞」日子讓我每天都覺得自己像一灘爛泥，彷彿生命力都被智慧型手機吸乾了。而擺脫智慧型手機的日子，說是「修行」會更貼切。

雖然我沒有經歷過僧人的修行，但斷絕欲望和吃素的形象，和我現在拚命約束自己的模樣，感覺還是有點相似。不過，我並不是出家，也沒有剃光頭髮，所以我的意志力偶爾還是會鬆懈。

最容易屈服於誘惑的是剛睡醒的時候。「醒來」和「打開智慧型手機」已經變成了一個綁定組合。我會盡量把平板留在客廳，避免帶進臥室。然而，起床後，睡眼惺忪地走進客廳時，還是不小心打開了平板。

在平板啟動的這幾分鐘，照理來說應該是理智回歸的時間，但我還在半夢半醒之間，等到完全清醒時，電源已經打開了！本來只打算稍微看一下，結果卻在螢幕前坐了下來。

這樣下去不行。但我該怎麼辦呢？我對誘惑毫無抵抗力，也對自己太縱容了。簡直就跟吃美國製的甜得要命的糖果一樣放縱。

嗯，我決定先喊出來。

下定決心的事說出口會更有效。就像人們有煩惱的時候，向別人傾訴會讓心情輕鬆一點一樣，把話說出來，也能整理自己的思緒。

於是，早上醒來，一踏進客廳，我就大聲喊道：「我是不會看平板的！」大聲說出來以後，便覺得自己更能徹底執行了。畢竟，自信滿滿地宣告後，說到沒做到是很丟臉的。

我這個人，明明自我肯定感低得要命，卻又很愛面子，不想推翻自己說過的話，所以我會竭力克制住想伸向平板的手。

第二天、第三天，我都靠這招成功克制住了自己。於是，得意忘形的我在第三天開始唱起歌來。彷彿開啟了一場音樂劇。

公寓裡的一個小房間瞬間變成劇場，而我則從智慧型手機的奴隸躍升為音樂劇明星。特別是在經典德國音樂劇《Elisabeth（伊麗莎白）》中，有一首歌曲名為《Der letzte Tanz（最後一支舞）》[3]，我特地將副歌的歌詞改編成「我不想再當智慧型手機的奴隸，成功戒掉智慧型手機的人會是我——」還自創了一套舞蹈動作。

一大早，沒碰半滴酒的我，彷彿灌了5、6杯酒般興奮高昂。抱歉了，樓上、樓下、隔壁的鄰居們。

但如果不唱歌的話，我可能會忍不住打開平板。

於是，我強迫自己踩著節奏，踏著舞步準備早餐，打開功能型手機查看職場訊息後立刻闔上。當我開始吃那碗完全不講究擺盤的生雞蛋拌飯時，我的歌終於唱完了。閉幕。

乍看之下，這個行為簡直蠢到不行，我自己都覺得很傻，但我是認真的。

3 由德國音樂家 Sylvester Levay 和劇作家 Michael Kunze 合作的音樂劇「Elisabeth（伊麗莎白）」，以歷史上有名的奧地利皇后伊莉莎白為主角，講述其一生及奧匈帝國的敗亡。在歐洲卻相當受到歡迎，但由於德文的關係，並不像其他百老匯音樂劇那麼廣為人知。

不過，這種方式不可能持續一輩子。我必須想辦法更有效地控制自己的衝動。

在通勤電車上，我看著人們都低頭盯著自己的智慧型手機。在人多擁擠的地方，平板會不小心碰到別人的背，自然而然就不會想拿出來，心情也平靜了許多。

這種心態讓我能夠悠閒地看著窗外發呆，或是閉目養神。

雖然我不喜歡工作，但在尖峰時段的通勤電車上，不需要盯著螢幕看的放鬆時刻，對我來說反而是很寶貴的。如果能一直待在通勤電車上就好了。

策略③　在上傳到社群媒體前，先寫在筆記本上

即使到了公司，大家仍然盯著智慧型手機看。

我爸媽不太擅長科技產品，也不太願意接觸，但和我爸媽年紀相仿的資深同事卻很深迷於社群媒體或手機遊戲。

較高階層的女主管們還會同時擁有智慧型手機和功能型手機，一手捧著「如何使用智慧型手機」的教學書，努力學習。為了達到每個人5次APP下載量的目標，她們還會詳細記錄APP的操作方式。

而一旁的我，作為20多歲的人，卻在思考如何不看手機，保持內心平靜。

儘管這樣的場景有些矛盾，但我的戒手機計畫已經沒有回頭路了。不能逃避、不能逃避。可是不安的情緒總是讓我忍不住想要發牢騷。

以前，當我覺得心情煩悶時，我總是會用指尖發牢騷。

但現在……

「要怎麼做才能擺脫智慧型手機的奴隸呢（•x•゛）真希望我能出生在沒有智慧型手機的年代……」

「雖然社群媒體很方便，但我有時候還是會羨慕書信往來盛行的昭和時代。尤其是看了《櫻桃小丸子》的漫畫後更有感（＞＜）」

「公司要求我們達到APP下載次數的目標，說實話，這到底是什麼意思啊（・x・）雖然我能理解他們很需要數據啦。」

這些看似會出現在推特上的內容，其實都是我在百元商店買的迷你大學筆記本上寫下的「手寫貼文」。

以前，我總是不分大小事立刻發文，像是「好餓」、「好睏」、「今天的晚餐」等，現在，我會先寫進筆記本裡，作為緩衝。

雖然我的社群媒體帳號還在，偶爾還是會發文，但在那之前，我會先存放在這本「手寫貼文筆記本」裡。我的親筆筆跡。希望它們能安然睡上一週。寶寶睡～快快睡～

等到這些內容進入深沉的夢鄉，一週後再翻出來看看，會發現八成都是無聊的廢話，根本不需要發出來讓全世界看到的瑣碎小事居多。然後再將剩下的兩成篩選一下，最後才發文。

這種想要馬上發文的衝動，只要化作文字在筆記本上寫下來、讓它可視化，就能平靜下來。

可視化。這個概念對於數位排毒來說十分有效。

大學時，教授曾在某堂充滿專業用語的課上說：「可視化是很重要的。」當時我只覺得：「唔……畢竟有句話叫『百聞不如一見』嘛。」但實際開始執行戒手機計畫後，我才真正體會到這句話的深意。

策略④ 將關機時間可視化

既然聊到了可視化，我還有一個小祕訣。

最近，除了手寫貼文筆記本之外，在我寫滿工作日程的手帳和家裡的行事曆上，開始出現「19:05」、「20:02」這樣的數字。這是我記錄每天晚上關掉平板電源的時間。我的目標是每天都要比前一天早1分鐘關機。這個小挑戰讓我沉迷其中。

回想小學時，到了暑假，我是那種為了在晨間廣播體操過後領取印章，每天揉著惺忪睡眼、打著哈欠也要去報到的小孩。現在我也會為了商店街的唐揚雞塊店家的集點卡而頻繁光顧，這種「看得見成果」的方式非常直觀，也很適合我。

每天至少提早1分鐘關機，我的最終目標是統一在晚上6點後全面關機。就像個頑固老爹設下的門禁一樣。至於為什麼是晚上6點，其實也沒什麼特別的理由，也有人說晚上6點過後吃東西會變胖嘛。

可視化真的很有效。

環顧辦公室，牆上和天花板上掛滿了銷售目標和達成率。整個空間都被這個月的業績數據塞得滿滿的。我開始記錄關機時間的靈感，也是受到這些啟發。

當我因為業績未達標而挨罵時，心裡想著：

「哎呀，接下來該去哪裡開發新客戶呢……」

然後突然靈光一現——等等，這招不是正好可以運用在我的「脫離智慧型手機奴隸計畫」上嗎！

策略⑤ 把討厭的圖片設成待機畫面

「啊——！有蟑螂！」

驚叫著那個令人厭惡的名詞的聲音劃破了整個辦公室。

辦公室的牆壁已經被各種業績目標貼到看不見原來的牆面，光是聽到名詞就能讓我渾身起雞皮疙瘩的黑色蟲子在上面爬來爬去。

因為我們辦公室全是女生，所以尖叫聲此起彼落。

「啊——！」

「哇——！」

現場宛如地獄般的場面。

一位擁有25年家庭主婦經驗的資深員工淡定地站了出來。

「真沒出息。」

然後用捲起的報紙一擊斃命，送了那隻蟲子上西天。這位資深員工冷哼了一聲，用衛生紙包起掉在地上的屍骸，丟進了垃圾桶。

「唉呀，這張公告被弄髒了呢。」

我連名字都不想提的黑色蟲子剛剛停留的那張公告紙上，現在沾滿了牠的殘骸。

嘔，太噁心了。

「忍足，這張公告有備份，妳去換一張吧。」

「呃，我真的辦不到。」

「為什麼？蟑螂已經不在了啊！」

「拜託別說出那個名字～我光是聽到那個詞都受不了。那張紙上還沾著牠的液體，我根本不敢碰。」

我甚至連那隻蟲的名字都說不出口，只能用「G」來代稱。甚至連經典名作《接近無限透明的藍》都因為開頭有殺G的場景，讓我完全讀不下去。

我拚命揮舞著白旗投降，那名資深員工嘆了口氣說：

「真拿妳沒辦法。妳這樣以後可是會吃苦的！那妳至少去拿新的一張公告過來吧。就在分公司傳真過來的文件裡。」

她一邊碎碎念，一邊把固定那張沾了黑色殘骸的公告的圖釘拆了下來。

「不好意思……唔，傳真、傳真……」

我在主管的辦公桌旁的那疊紙中翻找時，突然靈光一閃。

我想到，與其強忍著不去看想看的東西，倒不如讓自己打從心底不想看，這樣應該更輕鬆吧。

我最不想看到的東西是……就像《哈利波特》裡的宿敵佛地魔一樣，我連名字都不想喊出口的黑色蟲子。

我要不要把牠做成貼紙貼在平板上呢？不，啊！對了！乾脆設成待機畫面吧！我的平板的待機畫面還停留在初始設定，不如就換成那隻黑色蟲子吧。而且，最好不止一隻，有好幾隻的話……應該會更有效。不，一點都不好，噁心到了極致，但對於戒智慧型手機計畫來說，沒有比這個更強大的祕密武器了！

在結束了宛如發衛生紙般的業務推廣後，我趁著午休，一邊大口咬著從便利商店買來的飯糰，一邊打開了平板。

好了，現在是時候導入祕密武器了。

我咬牙輸入那個連名字都不想打出來的蟲子的名稱。

「蟑螂　圖片」

唉，話說回來，為什麼牠要叫做蟑螂呢？這個名字的衝擊力未免也太強了。為什麼名字裡要有兩個濁音呢？如果是叫「波妞妞」這種可愛的名字該有多好。不對，不管牠叫什麼名字，那種又黑又亮，還長著觸角的蟲，我還是完全無法接受。

一想到這，我的手指就遲遲無法按下搜尋鍵。那隻蟲光是突然出現，我都會大聲驚叫，慌得手忙腳亂了，現在居然要主動去搜尋牠的圖片。

我準備好了！牠就要出現了！雖然我已經下定決心，但就算做好了心理準備，那隻蟲子也不會突然變成鶯綠色或桃粉色的可愛版本啊。

然而，這一切都是脫離智慧型手機奴隸計畫的一部分。我握緊拳頭，按下了搜尋鍵。

螢幕上出現了一整排那種蟲的圖片。雖然只是平面圖片而不是立體的，但就足以讓我心驚膽戰，多麼罪孽深重的生物啊。

我不敢直視牠，只好半瞇著眼睛把目光移開。

「嗚呃，哇……」

好噁心。好可怕。嘔。

不過，如果把這個設定成待機畫面的話，我肯定就不會想看平板了。這、這招好像不錯！

乾脆不要只放一隻，放一大群好了。光是看到一隻我就快要暈倒了。如果數量變成2倍、3倍、4倍、5倍，那我光是打開平板就會口吐白沫昏過去吧。甚至可能會想把平板扔出去。

「蟑螂　一大群　圖片」

於是我按下了搜尋鍵。

哇啊——！這畫面也太刺激了吧。應該要被列為限制級吧。心臟不好的人千萬不能看。但這樣的圖片，對於脫離智慧型手機奴隸計畫來說，再適合不過了。下載完之後，我立刻設定成待機畫面。

啊……我突然就不想再按下電源鍵了。只要按一下就會出現這麼可怕的東西。我甚至有點絕望，根本不想隨身攜帶這個東西出門。

在進入社群媒體、遊戲、新聞這些會讓大腦閃閃發亮、充滿刺激的APP之前，設一層緩衝是很有幫助的。雖然只要動動手指，就能輕鬆消磨時間，獲得各種快樂、愉悅和享受，但太容易得到反而也不是什麼好事。

如果有什麼東西是即使要忍受滿滿的蟑螂圖片也非看不可的話，那看看也無妨。但事實上，根本沒有什麼東西是不惜忍受蟑螂大軍也要看的。我這才意識到，我並不想為了打發時間而讓自己經歷這種折磨。

不過，俗話說「好了傷疤忘了痛」，現在光是開機就能讓我驚聲尖叫的這些蟲子，說不定過一陣子我就習慣了。

為了保險起見，我還下載了恐怖電影《七夜怪談》裡的「貞子」、《咒怨》裡的小男孩，還有《靈異教師神眉》裡的恐怖場景圖片。我對這類恐怖作品一點免疫力都沒有。

當同齡人把BTS或傑尼斯等偶像或可愛寵物的照片設成待機畫面時，我的待機畫面卻在蟑螂、貞子、咒怨、靈異教師神眉之間輪流替換。

策略⑥　給自己糖與鞭子

某天在辦公室裡。

「忍足，還沒好嗎！？」

「來了來了！找到了，應該是這個吧。」

我抽出一張公告，仔細地看了看。上面寫著這個月的獎懲措施。

所謂的「措施」，其實就是糖與鞭子。

比如說，這個月業績達到◯◯萬日元以上的人，可以獲得高級草莓3盒。獎勵更豐厚的時候，甚至有豪華旅館住宿一晚、銀座高級壽司、豪華燒肉饗宴等等。當然，我從來沒達到那些獎勵門檻。這種待遇通常只有辦公室裡的一兩位超級業務才有機會享受到。

而這個月我的業績又沒達標，看來是與獎勵無緣了……不過，等一下。

這招或許可以運用一下。

「忍足～！」

「啊，好，馬上來！」

業務的工作就是建立在糖與鞭子上的。業績優異的人可以獲得糖果，就像前面提到的高級旅館住宿或高級壽司招待等等。

另一方面，固定薪資只保障到第二年，從第三年開始就完全變成業績制。聽說有些前輩因為業績不理想，不得不靠副業補貼收入。鞭子指的就是這個薪資制度。

我想要糖果，不想要鞭子。

老套歸老套，但這招確實有效。

那天，買午餐的時候，我順便買了兩樣東西：一個是裹著黑糖的杏仁，我的最愛；另一個是條狀的香菜醬，我超討厭的食物。

每當我忍住想看平板的心情時，我就可以吃一顆黑糖杏仁。如果沒有忍住的話，就得吸一口香菜醬！

有點像是「完成表演就能得到飼料的狗狗」或「防止野豬入侵的電子圍欄」。就是那種邏輯。既然我是智慧型手機的奴隸，那也算是野獸的一種吧，學學動物也沒有什麼不好。汪汪。

「啊，我又忍不住看了平板。」

含進嘴裡，吸了一口。

「嘔——」

有時候是條狀的香菜醬，有時候會換成另一個我不愛吃的食物——小番茄。我正在調教自己。也就是「自我調教」。哎呀，這字面上怎麼看起來有點色情呢。

雖然在旁人眼裡，我被香菜那股草味和小番茄在嘴裡爆開的酸澀感折磨得扭來扭去的樣子看起來可能很蠢，但我是很認真的。

如果還是忍不住看了的話……

＊

有一天，發生了兩件事對我造成了沉重打擊。

「妳有聽說嗎？功能型手機好像之後就不能用了耶。」

朋友隨口說了這麼一句話。

「不能用？怎麼可能？」

「真的啦，新聞上說的。3G再過幾年就要停止運作了。」

「……什麼？」

聽到這個消息，我彷彿瞬間感覺到自己的血液從身體裡被抽乾了。自己就像是變成了一片大海，血液正在緩緩流失。

我回家一查，發現這件事居然是真的。A公司預計在2022年3月底、S公司預計於2024年1月下旬、D公司預計於2026年3月底停止提供3G網路服務，這意味著用3G網路的功能型手機（以及部分舊款智慧型手機）將無法再接受訊號。

聽起來似乎還是很遙遠的事，但肯定轉眼就會到來。就像我覺得自己兩三年前還是個高中生，但實際上已經25、26歲了。3G的終結可能很快就會到來。我的功能型手機是支援4G的，所以暫時逃過一劫。但爸媽的手機還是3G的，得幫他們換成4G手機才行。

我經常去老年人口較多的區域跑業務，還有很多人都是用3G手機。有些人甚至用同一支功能型手機10年、15年了，甚至完全不曉得3G將會停止運作。

3G停止運作的話，就意味著他們與外界的聯繫會突然中斷。自己與這個世界相連的那根線，會在他們毫無準備的情況下被硬生生地切斷。

對功能型手機產生愛惜之情的我感到無比沮喪。

我在跑業務時，如果碰到還在用3G手機的客戶對我說：

「我在想是不是該換成智慧型手機了，但我應該用不來吧。」

我就會立刻回答：

「也有支援４Ｇ的功能型手機呀！我自己就是用這種的！」

結果變成一場讓人不禁懷疑「妳到底是來推銷什麼？」的對話。此時的我，就像個致力保護瀕危物種的保育員一樣。

除了３Ｇ即將終止的新聞之外，還有另一件更雪上加霜的事。

我爸媽的３Ｇ手機順利換成了支援４Ｇ的機種，但奶奶在用的老人機，手機店居然缺貨了。

「那可以訂貨嗎……」

「我們不確定什麼時候會有貨，這種型號也有可能不會再進貨了。想在我們這邊買到有點困難，大型家電連鎖店可能還會有庫存。不過，我們也有很適合長輩的智慧型手機喔。」

不不不，奶奶連用功能型手機打一封簡訊都要花上近20分鐘，怎麼可能會需要智慧型手機啊。

況且，這位80多歲的老人家，手機的唯一用途就是每個月去醫院看完診後打電話報平安而已。需求和供給完全不對等啊。這就是像給肚子不餓的人端上一碗特大份的牛丼一樣，熱量嚴重超標了。當事人自己也是一臉困擾地說：「那種東西我用不來啦。」

最後，我們總算在隔壁鎮的大型家電賣場找到了全新的老人機。

但是，店裡到處都是這樣的標語：

「3G手機即將被淘汰，換成智慧型手機吧。」

「功能型手機的價格可以買到一支智慧型手機喔。」

「樂齡智慧手機教學班」

好可怕。這是一種不同於恐怖片的毛骨悚然感。

就算我想要功能型手機，也許有一天就再也買不到了。2年後、4年後，萬一我還是喜歡功能型手機，但卻買不到了該怎麼辦？

當初從智慧型手機換回功能型手機時，我還覺得自己「比其他人早先一步戒癮成功」，但我似乎領先太多步，脫離智慧型手機奴隸計畫仍然屬於少數派。

曾經是3G用戶的父母收到過一封通知信，信裡只寫著「3G即將停用，快換成智慧型手機吧。」但卻隻字未提「也有4G功能型手機這個選擇。」聽說有些業者甚至逐步停止提供功能型手機的服務，強迫用戶轉用智慧型手機。我不喜歡這種做法。為什麼智慧型手機是唯一的選擇呢？

當然，放眼望去，到處都是智慧型手機。在伊藤洋華堂或大榮等超市的入口處，甚至有各家電信公司的業務擺起了攤位，掛著「還在用功能型手機的人看過來」的旗幟，推銷著智慧型手機的超值方案。

雖然我知道自己有點被害妄想，但自己將蟑螂圖片設成待機畫面、吸香菜醬，想方設法努力擺脫智慧型手機奴隸的這一切，都像是被當成了笑話一樣。就像一個酒精成癮的人住院治療，終於克服酒精依賴後，回到家卻發現全世界的水都含有酒精——水龍頭擰開是清酒，家庭餐廳供應的冷水是啤酒，洗米水變成利口酒一樣讓人窒息。

於是我自暴自棄地打破自己設下的所有規則，久違地在星巴克買了當季新品的星冰樂，拍了照片，立刻分享到社群媒體上。為了打發時間，我又打開了新聞和漫畫的APP。

我看著店裡鏡子中自己的模樣。

除了平板太大之外，我完全符合現代人的標準。在這個所有人都低著頭緊盯螢幕的背景中，我完美地融合了。

然而，當我再次見到自己作為智慧型手機奴隸的模樣時，不禁感到毛骨悚然。彎曲的背脊、低垂的頭，讓人不禁想問：「到底在拚命什麼？」

如果問我喜不喜歡這樣的自己，我會說非常討厭。久違的星冰樂甜得讓我胸口灼熱，我的眼睛也因為長時間盯著藍光而刺痛。

3G可能會被淘汰，但我還是喜歡功能型手機。

滅絕的浪潮或許正在逼近，但我還是喜歡功能型手機。

也許會被嘲笑「跟不上時代」，我還是喜歡功能型手機。

所以我想繼續持有，繼續使用。

5G？AI？未來會怎樣，誰也說不準。

或許在5年後，10年後，智慧型手機將不再是主流……取而代之的是戴上未來感眼鏡，視野中就會浮現出文字，或是像哆啦A夢電影中的那種科幻腕錶裝置，能將影像投射在空間中。誰知道呢。

就像有人會嘲笑：「你還在用功能型手機喔？真土。」未來或許會變成嘲笑：「你還在用智慧型手機喔？真土。」的時代。等到那樣的時代來臨時，如果我還是智慧型手機的奴隸的話，可能會很後悔……不，肯定會後悔。與其被時代無情地磨平稜角，我更想堅持做自己。

當然，我心中還是會有不安。

因為功能型手機真的面臨滅絕的那一天到來，我沒有能力去保護它。

這時，我就會想，如果我是宇多田光就好了。像她那麼有影響力的人，只要在推特上說一句「我喜歡功能型手機」，轉推數和按讚數肯定馬上破萬，人們還會紛紛附和「功能型手機真的很棒」、「其實用起來很方便」。別說滅絕了，說不定還能再掀起一波復古風潮。然後她還會再推出一首以功能型手機為題材的新歌。

然而，很遺憾，我並不是宇多田光。我無法用那麼清澈的高音唱出《Automatic》，也沒有一句話就能掀起風潮的影響力。所以，喜歡小眾事物的我總是充滿不安。

雖然只是個通訊裝置，但每當看到伊藤洋華堂角落裡推廣智慧型手機的特設攤位，或是在結帳時被問「有下載我們的APP嗎？」我的心臟還是會猛地一縮。

不過，就算被陌生人嘲笑，或是為了買功能型手機跑到隔壁鎮，我都不想改變自己。我在感到焦慮的同時，也強烈渴望做自己。

當我還沒換掉智慧型手機就做數位排毒時，那種焦慮不安讓我無法徹底戒除依賴。但現在，我手中握著的不再是智慧型手機，而是功能型手機。

常有人說，其實不至於要完全戒掉智慧型手機吧，也有人拿著智慧型手機也在做數位排毒呀。但對我來說，功能型手機代表著一種看得見、摸得著的決心。

不同於酒精或香菸的成癮，它不會危及生命。雖然只是個通訊裝置，但又不只是個通訊裝置。它已超越「工具」的範疇，成為大家身體的一部分。對於這種侵蝕人類的東西，用「只是」來形容，實在是嚴重低估了它帶來的影響。所以，大家要記住這一點。

我不會動搖，也不會被擊敗。我不會讓自己被時代吞噬，被多數派磨平稜角。

我咬緊嘴唇，堅定地逆著低頭滑手機的人潮走去。

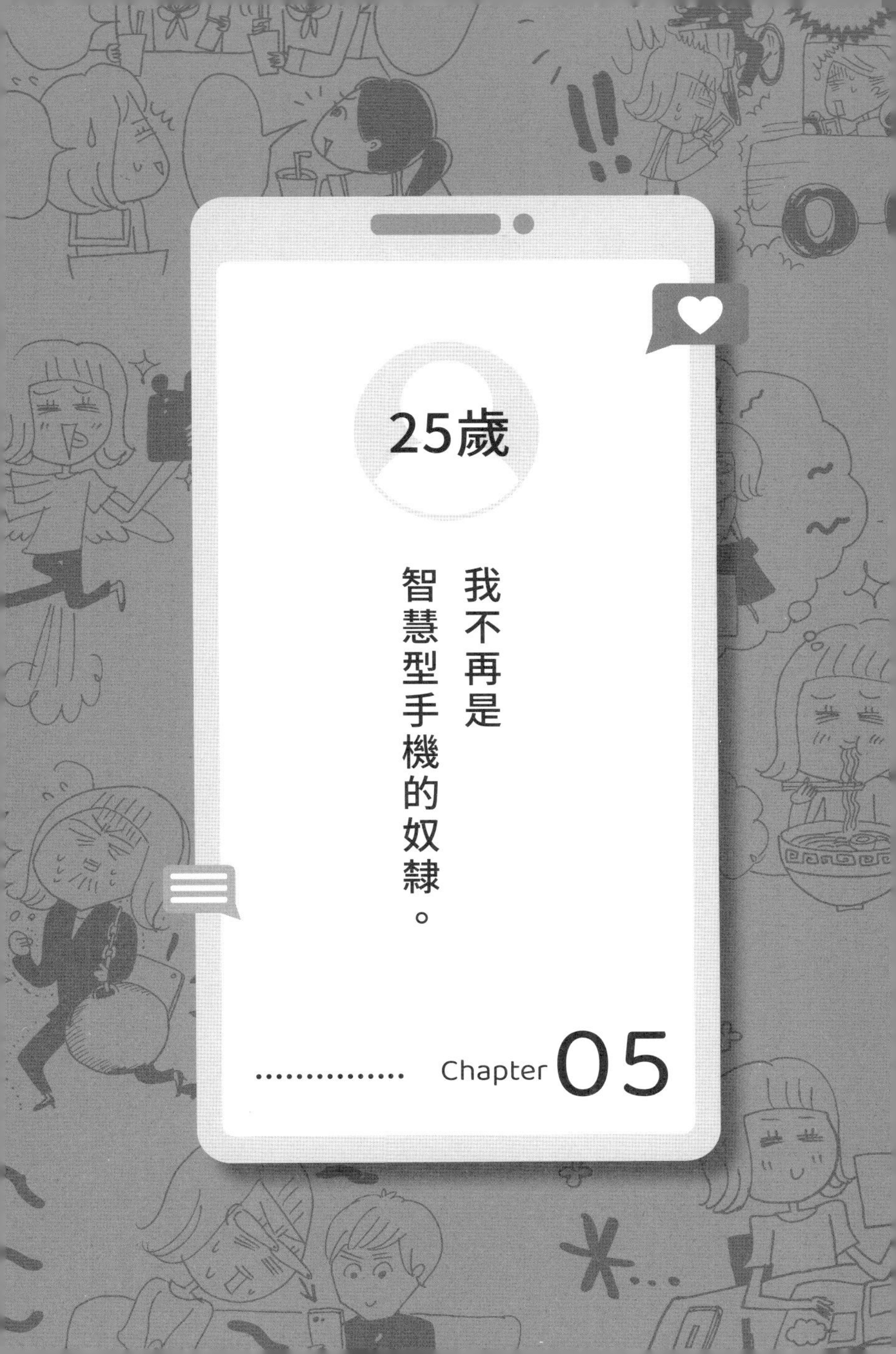

25歲

我不再是智慧型手機的奴隸。

Chapter 05

從「放棄智慧型手機」這種極端手段開始的「脫離智慧型手機奴隸計畫」，是我在自己訂下的規則中逐漸成形的。

一年過去後，我終於意識到，曾經讓我感到恐懼的「空閒時間」，其實是件好事。

在我還是智慧型手機奴隸時，「空閒時間」就像溺水般令人窒息。

當無事可做的時候，彷彿氧氣逐漸變得稀薄，讓人喘不過氣，產生一種死亡正在步步逼近的焦燥感。所以，為了不被空閒時間殺死，我用智慧型手機來殺死空閒時間。

就像用指尖捏破氣泡紙上的小氣泡一樣，哪怕1分鐘或1秒鐘的空閒時間都讓我害怕，於是我盯著螢幕看來打發時間。但其實，這樣的空閒時間並不是敵人。

就像看起來有點凶狠的演員遠藤憲一在綜藝節目上展現淘氣的一面一樣，起初會讓人緊張，覺得「哇，好可怕！」但隨著對他的了解越來越多，會發現「哦，這傢伙其實人挺不錯的嘛。」這大概就是所謂的「反差萌」吧。

當我搭上山手線時，車廂裡擠滿了低頭飛快滑手機的人們，彷彿有什麼十萬火急的事要處理，而我獨自望著窗外發呆。雖然我手中沒有筷子或叉子，但我正在細細品味著「空閒時間」。有種侍酒師的感覺。

什麼都不用想。讓腦袋放空，只是靜靜地望著窗外。最近，我最喜歡的就是這段時間。雖然偶爾會因為手上空蕩蕩的而感到不安，但只要發呆個一站的時間，就會讓我覺得清算掉了一些曾經身為奴隸的時間。

而我也不只是單純地發呆，偶爾也會設定一些小規則來玩。例如，「找出5樣藍色的東西」或「盯著最遠的地方」。走在路上時，我也經常這麼做。雖然不像智慧型手機或社群媒體那樣刺激，也很原始，但意外地很有趣。

不再伸手去拿平板或手機，我的腦袋正在用「空閒時間」作為能量，不斷發展著。只有我交疊著手臂，望著窗外，在腦海裡開設了一個專屬於自己的電台——

「是的，忍足電台開播囉！今天的聽眾來信是來自東京都的忍足小姐。『今天，主管罵我笨手笨腳……』」

就這樣，我一邊回顧當天發生的事情，一邊慢慢消化它們。

當然，因為這是腦內電台，不需要麥克風，也沒有任何聽眾，但光是這樣就能讓我的心情稍微平靜下來。如果這個方式不管用的話……那就約朋友出來喝杯茶吧。

當我不再追求社群媒體上的按讚數後，我意識到——比起得到100個讚，實際與一個人見面更有價值。

和一個人見面，必須要先來回溝通「你什麼時候有空？」「我們要在哪裡會合？」敲定時間地點，還要支付交通費，才能見到對方。

這其實是很珍貴的事。許多人僅僅因為「社群媒體上的朋友」這層關係就感到放心，很多年都沒有見過一面。

以前，我總是看了社群媒體的發文，心想：「哦，原來他現在在做這個啊。」彷彿自己已經和本人見過面一樣。實際上，真正面對面交談的時光才更濃厚、更充實。

為了品味「空閒時間」，我同時也在進行「摘除」行動。

在第4章中，我提到智慧型手機就像《西遊記》裡拿著一回應就會把人吸進葫蘆的妖怪一樣，我正在努力把被吸進去的東西一點一點取出來。

例如，雖然我知道透過訂閱串流平台來聽音樂是現在的趨勢，但我最近更喜歡CD和錄音帶。

其實，還在讀高中的時候，大家都在用iPod等攜帶式音樂播放器來聽AKB48或嵐的歌，卻只有我因為錄音帶的外形很可愛，所以會把CD轉錄到錄音帶上來聽音樂。現在我又把這些東西翻了出來，把米津玄師和乃木坂46的CD轉錄到錄音帶上播放。聽說最近黑膠唱片又重新流行起來了，我完全能理解原因。

我會把喜歡的CD買下來，擺在書架的一角。不是螢幕上出現的CD封面圖片，也不是用指尖一點就能聽到的旋律，而是可以拿在手上，真正擁有這些實體，這帶來一種奇妙而絕對的安全感。有一種熱愛是你不惜多花費一些心力也想聽到的。

我喜歡在黃昏時分，隨著CD播放出來的歌曲一起哼唱那些還沒有記住的歌詞。就連寫下這段文字的現在，我家的CD播放器也正在運轉著，房間裡迴盪著ELEPHANT KASHIMASHI充滿力量又清澈透亮的嗓音。這是我前幾天剛買的精選輯。

雖然我知道訂閱影音串流平台就可以用經濟實惠的價格無限暢看電影和電視劇，但我最喜歡的還是天天會去光顧的附近的蔦屋。

在影音平台的APP裡，只要輸入想看的內容就可以隨時隨地立即觀看。但我更喜歡在店裡閒晃，慢慢尋找想看的作品，光是這個過程就充滿樂趣。

我喜歡看著DVD的側標，心想「這個標題看起來很有趣」，或是看著褪色到難以辨識的標題，好奇「這是什麼？」，也喜歡看店員製作的推薦小卡，意外發現新的作品。

順帶一提，最近讓我忍不住一邊吐槽「這什麼標題」又一邊拿起來看的作品是松山研一主演的《不要嘲笑我們的性》。儘管標題如此，實際上是一部很棒的愛情片，雖然不是我平常會看的類型，但看完覺得還不錯。

如果是用智慧型手機或平板，可以隨時隨地輕鬆接觸音樂和影片。這確實很方便，也讓這些影音媒體更貼近人們的日常生活。不過我不會這麼做。畢竟那樣做會佔據我刻意壓低的流量（我家裡也沒有安裝 Wi-Fi）。

或許有人會說，我這樣的做法是在浪費時間又沒效果，但我認為人生沒有必要活得那麼匆忙。

與其過於便利，我更喜歡稍微不便、需要花些心思的方式。

書籍也是如此。雖然電子書可以讓我們讀到絕版的書籍，或是可以透過電子版重溫小學時期曾經擁有卻因為搬家而弄丟的漫畫。這幾點都很棒，但我還是更喜歡紙本書。

我喜歡紙本書到甚至覺得「紙本書」這種特地區分出來的稱呼有點彆扭的程度。就像在蔦屋一樣，我喜歡漫步在書店裡，瀏覽架上一本一本書的書脊，有種像是成為《真善美》女主角般的清新愉悅感。

此外，訂閱制的影音串流平台和電子漫畫APP，大多以「划算」或「免費」為賣點。比如，每天可以免費看一話，或是觀看廣告影片就能獲得點數，再花費點數來閱讀。換算下來一話只需幾十日元，比買紙本漫畫便宜之類的。我曾經覺得這樣很好，現在卻覺得有點過意不去。

這麼說或許有點奇怪，不過我想為這些內容「付費」。

星野源曾說過：

「用金錢換取你覺得好的事物。我認為是一種非常人性且美好的行為。」

我完全同意這句話，忍不住點頭如搗蒜。

我家附近的蔦屋的DVD租借費用是7天220日元。如果在串流平台上租借，單片價格可能更便宜，YouTube上也有許多有趣的影片或是遊走法律邊緣的剪輯版，而且完全免費。但如果遇到真正喜歡的作品，我寧願省下一些餐費，也想花錢支持。我並不是什麼有錢人，但一個作品讓我感動或覺得有趣時，我希望付出與它的價值相應的對價。

我也喜歡便宜或划算的東西，但在漫畫、音樂、電影這些內容上，我不想吝嗇。

「很棒」或「很好」這種感想要說多少都可以，用金錢表達支持，雖然有點直白庸俗，卻是最能直接表達出感動的做法。我喜歡這種方式。

儘管我們沉迷於平面的世界裡，但不幸的是，人類終究活在三維空間中。我們的世界還沒和二維空間建立外交關係，未來我們也不太可能進入平面的世界。

作為一個活在三維空間的人來說，能觸摸到、感受到重量的東西更符合我的需求。無論是持有欲還是收藏欲，這類實體的東西都能滿足我。

相較之下，任何被吸進螢幕裡的東西，總讓我覺得有點不安。因為一旦裝置壞了，一切就毀了。

外出時的「空閒時間」，我會用看書或看窗外來打發時間；而在家的「空閒時間」，則是用播放DVD或CD來度過。

這種與「空閒時間」和平共處的感覺，反而帶點懷舊的味道。和我還在用功能型手機的高中時期的上下學時間有點像。

我上下學都是搭校車的。雖然當時也可以用功能型手機瀏覽Twitter、部落格和新聞網站，但我的學校有規定：「為了防範犯罪和安全考量，學生可以攜帶手機到校，但上下學途中禁止使用。」由於老師隨時有可能上車，我被迫面對這無聊又顛簸的20～30分鐘的車程。

有的人會偷偷摸摸地玩藏在包包裡的手機，有的人則是抱持著被發現也無所謂的心態直接拿出來玩。但我曾經被抓到過一次，還寫了悔過書，實在是不想再體驗第二次，所以決定在校車上乖乖當個好孩子。

然而，要馴服「空閒時間」這件事並不容易。如果是和朋友在一起，20～

30分鐘的車程感覺只像3分鐘；但自己一個人時，卻像5小時一樣漫長。

當時，我也是用看書和聽音樂來填補空閒時間。

因為我的三半規管很發達，所以經常坐在校車最前面那排較高的椅子上看書。當我看到一個段落後，就會換成邊聽音樂邊看窗外。

窗外的景色每天都是一樣的。農田、神社、住宅區、社區中心，還有在一片平凡景色中突兀出現的麥當勞。只是看著這些景色發呆也很有趣。

雖然窗外的風景一成不變，但每天出現的人都不一樣。比如，可能是沒趕上娃娃車，牽著小孩的手一語不發但臉上怒氣顯而易見的母親；遛著吉娃娃卻不撿起大便就若無其事地走掉的金髮輕浮男；一個背著紅書包，一個背著黑書包，手牽手走路上學的小學生。

我享受著空閒時間，在冬暖夏涼、微微搖晃的車身內，隔著車窗，看著窗外某個人鮮明生動的人生片段，有種自己成為神明般的錯覺。

剛從智慧型手機換回功能型手機的時候，我甚至已經想不起來沒有智慧型手機的日子是怎麼過的。但現在回想起來，那段日子清晰得像是昨天，甚至像是幾個小時前的事。明明我連昨天晚餐吃了什麼都有點記憶模糊了。

此外，我還從智慧型手機中摘除了另一樣東西。那就是相機。

自從不再使用智慧型手機後，我就買了一台數位相機隨身攜帶。

以我的個性，不記錄下美食或和朋友玩樂的時光……實在做不到。我有幾個朋友會說：

「根本用不到相機功能啊。」

然後給我看她們的手機相簿裡全是工作相關的螢幕截圖，但我就是那種無論如何都想留下回憶的人。

因為人類的記憶看似強大，其實很脆弱。和國中同學見面時，曾經發生過對方說：「妳記得這件事吧？」但我卻完全想不起來的情況。朋友們笑著說：「那時候發生的事真的超好玩的。」而我卻無法在腦海裡找到這段記憶，這種感覺讓人很懊惱。

反之亦然。對我來說是閃閃發光的青春回憶，但朋友的腦海裡卻沒有這段記憶的話，我也是很傷心的。

所以，我會用數位相機拍下照片。將帶有日期的照片沖洗出來，一張張貼進相簿裡，再寫上「和〇〇一起去淺草」之類的簡短註解，然後整理成冊。

當然，我知道把照片上傳到社群媒體上，以後也可以回顧。可是，只要有按讚數這種可視化的評價時，我就會忍不住開始迎合別人的目光。

為了上傳到社群媒體而挑選食物和飲品，用美顏濾鏡把眼睛放大、把皮膚修得透亮，哪怕已經扭曲真實到像是另一個人了，我也渴望被關注、被稱讚。

相簿不一樣，它不會被不特定多數人看見。萬一哪天家裡被闖空門，可能會被翻出來，但也不是什麼值錢的東西，可能會被隨手扔掉吧。

我知道照片管理APP還會提醒「〇年前的今天你在做什麼」，但把照片沖洗出來並放進相簿的話，我覺得自己曾經活過的證據比儲存在SD卡或

好開心啊～
呵呵
製作相簿也很有意思呢♡

APP裡的東西更有分量。

雖然不知道人類能活多久，我卻希望這種記錄方式能持續到我生命的終點。我的相簿很快就要超過20本了，也很期待這輩子能累積到多少本。等我死了以後，希望能在葬禮上展示這些相簿，讓來送行的朋友自由翻閱，笑著回憶：「當時發生了這樣的事呢。」

偶爾我也會把數位相機裡的照片上傳到社群媒體，但這需要花費一點時間。必須先把數位相機裡的SD卡抽出來，插到讀卡機上，再連接到平板，然後選擇照片上傳。超麻煩的。

以前用智慧型手機的時候，都是用內建相機拍照，輕輕鬆鬆就能快速上傳到社群媒體。現在，每次上傳前我都會問自己，這張照片有值得我費這麼多工夫嗎？結果真正讓我願意克服這些麻煩去上傳的照片……老實說，屈指可數。大多數都是不上傳也無所謂的內容。

順帶一提，聽說只要在平板安裝某個APP，按下數位相機上的按鈕就可以傳送照片，但這種可怕的功能我從來沒用過。我也不打算用。

仔細想想，被「吸」進智慧型手機裡的東西，大多都是沒有必要的。既然如此，把它們「摘除」出來也無妨吧。

電子郵件和ＬＩＮＥ都很方便，但我還是喜歡寫信，所以經常提筆寫字。現在這個時代，人們透過社群媒體就能輕鬆向藝人或運動員發送訊息。但正因為太隨意，傷人的話語也會不經大腦就傳送出去，很容易引發爭議。比起隨手發送的訊息，我更喜歡花時間寫下的親筆信，在寫粉絲信給喜歡的職業摔角選手時，每封都會寫到十張信紙左右。

我也喜歡收到別人寫的親筆信，因為手寫的文字更有分量。雖然體重是越輕越好，但文字的分量是越重越好。

＊

每天早上出門丟垃圾的時候，我不會帶任何電子設備，哪怕只有5分鐘，也要在外面走一走。

我住的公寓距離垃圾集中處有點距離，必須得提著垃圾走過去。以前還在用智慧型手機的時候，就連這短短幾分鐘的路程，我也一定會拿著手機。與其說是「拿著」，不如說它已經是我身體的一部分了。

搭電梯的時候自然不必多說，就連走路的時候，我也是左手提著垃圾，右手拿著手機，目光始終黏在螢幕上。

但最近我去丟垃圾時，開始不帶著平板或功能型手機了。

這種輕便的感覺很舒服，於是我不僅走到垃圾集中處，還繞著公寓走了一圈。不帶電子設備走路令人感到愉悅。這在現代社會裡，只有懂的人才懂的奢侈。

於是，我開始一點一點地拉長走路的距離。

雖然已經住了好一段時間了，還是有很多我沒發現的事。像是有販賣冷門飲料的自動販賣機、外觀像美髮沙龍的麵包店、尋找失蹤寵物鳥的海報……

我漫無目的地四處閒逛，發掘那些平時低著頭不會注意到的事物。

後來，光是閒逛已經無法滿足我，於是我把平時原本下班後才會採買的食品和日用品改成早上去買。

雖然一大早只有便利商店營業，幸好便利商店裡該有的東西都有。洗衣精、雞蛋、切好的高麗菜等等，應有盡有。

我開始在早上5點起床，在5點半穿著睡衣，不帶任何電子設備前往便利商店。即便和早起的辛苦上班族或是晨練的學生擦肩而過時有點尷尬，但我這輩子大概也不會和他們有什麼交集，所以也就無所謂了。我拎著環保袋，昂首闊步地走著。

結帳時，被店員問到：「有下載我們的APP嗎？現在可以打○折喔！」我頂著睡眼惺忪的微笑婉拒，爽快地用現金付款。以前還在用智慧型手機的時候，我也曾經很熱衷於各種店家的APP折扣券。後來我發現，被折扣或免費贈品吸引時，反而會買一些當下根本不需要的東西。

回家的路上，我無意間抬頭，看見了一道彩虹。

不得了。彩虹這種自然現象，可不是花錢就能看到的。花600日元就能買到星冰樂，但花600日元也買不到一道彩虹。這可是個大肆收獲按讚數的大好機會☆☆……如果是智慧型手機奴隸時期的我，可能會這麼想吧。

幾年前的我可能會把手機放在柏油路上，靠著包包調整角度，也不管會不會妨礙其他行人，也不在乎會不會有車輛經過，抱持著「我不會死！」的態度和彩虹自拍，然後對著按讚數感到心滿意足。

現在的我，雖然心裡會想「哇，好美。」卻不會想回家去拿相機或平板。當然，如果能拍下來作紀念也不錯，不過……

「算了，沒關係。」

我又不是攝影師，而且彩虹這種東西，以後還是會再看到的。

即使沒有我上傳到社群媒體，搜尋「彩虹照片」，也能找到一大堆專業攝影師拍攝的作品。

「算了，沒關係。」這句話乍聽之下有點自暴自棄，但每當我有想上傳到社群媒體的衝動時，只要試著說一句「算了，沒關係。」真的可以說服自己真的沒什麼大不了的。

雖然我知道很多魔法咒語，像是「霹靂卡霹靂拉拉」或「仙女魔鏡，仙女魔鏡——」但這是我第一次學會真正的魔法咒語。

每當我念出這句咒語，曾經作為智慧型手機奴隸的烙印就會淡化一些，也逐漸忘卻那些纏繞在身上叮噹作響的鎖鏈的重量。

當我在湛藍的天空下踩著水窪時，心裡不禁想著，這樣一來，我真的就算是擺脫了智慧型手機奴隸的身分了嗎？

當智慧型手機還是身體的一部分時，我總是把自己的幸福寄託在別人身上。按讚數就是最好的例子。明明只要自己開心就好了，卻要被那些素不相識的人隨手點擊的評價左右，甚至還要看他們的臉色。

餐廳的評論也是如此。明明只要自己覺得好吃就夠了，卻會被星星數和評論內容牽著鼻子走，無法自己做出選擇。

我們把心靈寄託在螢幕另一端的陌生人身上，而不是活生生的自己。

但我們真正該依靠的人是自己。否則，你就會迷失自我。

*

我已經放棄再當智慧型手機的奴隸了。

雖然我現在在這裡暢談這件事，但如果這時候有人給我一支智慧型手機，恐怕之前所有的努力都會付諸東流，我又會再次淪為智慧型手機的奴隸。那位「主人」就是如此強大且具有誘惑力。

這就是我仍然使用功能型手機的原因，未來也打算一直用下去。

我對功能型手機的喜愛與日俱增，甚至寫信給手機公司說：「謝謝你們還在賣功能型手機！以後也多多關照！」（沒想到還收到了他們很友善的回信！）

我知道無論怎麼掙扎，自己終究是少數派。這個世界對於與自己不同的人總是冷漠的。

雖然是件非常悲傷的事，但也是無可奈何的。因為人本來就是不一樣的。說到底，我們每個人都是獨一無二的。

我為了「脫離智慧型手機奴隸計畫」，把蟑螂圖片設成待機畫面，但世界上也許有人超愛蟑螂，看到殺蟲劑廣告還會心痛流淚。

我和那個人是不一樣的。恐怕是水火不容的程度。

但就算對方和自己不同，這也不是我們可以朝著對方豎中指的理由。

我覺得自己這輩子都不會喜歡上蟑螂。我的餘生大概一樣是見到牠就放聲尖叫。但我可以問問那個熱愛蟑螂的人：

「你為什麼喜歡蟑螂呢？」

就算對方回答：「因為牠的觸角很可愛，外殼黑黑亮亮的……」

我無法產生共鳴，卻依然可以點點頭，說一句：「這樣啊。」接受這種與我不同的價值觀。

無視或拒絕那些與自己不同的人事物，其實是很簡單的。

但在大多數人選擇這麼做的時候，還是願意去傾聽那些「不同」，即使無法變得「相同」，仍願意承認它的存在，我認為這是件非常美好的事。

我意識到自己討厭或厭倦智慧型手機時，還曾經把這種與他人之間的差異視為壞事。

人們對「不同」持否定態度，充滿負面情緒，極為敏感，對於些微的差異就會指指點點。對任何與眾不同的人事物都會說NO。

背負著「不同」卻要假裝「沒有不同」，感覺自己像個通緝犯一樣。

然而，隨著我不再使用智慧型手機，從多數派變成少數派，完全脫離智慧型手機奴隸的狀態後，我逐漸意識到「不同≠不好」。

因為有人會對於我認為「與眾不同的事物」給予肯定，說「這樣很好」。

也有人悄悄告訴我：「其實我也有點厭倦智慧型手機了。」

如果世界上的每個人都像大量生產的相同商品，那該有多無趣、多窒息啊。正因為有「不同」，才會產生許多美好而迷人的事物。

就像卡莉怪妞也是因為她獨特的時尚風格和個人特色才會大放異彩，但如果她一頭黑髮，穿著T恤和牛仔褲，那假睫毛也不適合她。不戴假睫毛、不戴假睫毛~[1]應該一下子就脫落了吧。反過來說，把卡莉怪妞的風格強加在高冷又俐落的椎名林檎身上，也絕對不適合。

但這都是理所當然的。

即使在多數派和少數派中間劃出界線，每個人依然是獨立的個體。雖然我曾經對「與眾不同」感到自卑，但仔細想想，如果世界上有完全一模一樣的人，反而會讓人毛骨悚然吧。是複製機器人嗎？還是《世界奇妙物語》？

「不同」並不是壞事，反而是再正常不過的事。

所有人都是不同的，每一個人都有自己的好惡、擅長和不擅長的事，沒有必要去迎合別人。喜歡的東西就是喜歡。

因為世界上有各式各樣的人，所以不需要強迫自己選擇單一選項。高中女生也可以用功能型手機，90歲的老人家也可以用智慧型手機。只要你喜歡就好。

所以，我也不會對著看完這本書的讀者說：「怎麼樣？功能型手機是不是很棒？你要不要也換成功能型手機？」

每個人各有所好，最重要的是找到自己內心最舒服的選擇。對我來說，那就是功能型手機了。

但也許對你來說，智慧型手機更合適。

也有可能像我一樣，選擇了功能型手機。

甚至有些人覺得完全不用手機才是最自在的。

我並不反對智慧型手機。但我會想問那些在街上低頭盯著螢幕的人們。

1 改編了卡莉怪妞《戴上假睫毛》的副歌歌詞：戴上假睫毛、戴上假睫毛～

那個模樣真的是真實的自己嗎？你是不是在勉強自己呢？
你會不會有一天後悔花了這麼多時間盯著螢幕呢？
「你，是不是變成智慧型手機的奴隸了呢？」

附錄　擺脫智慧型手機的14條法則

我為那些想戒掉智慧型手機但又戒不掉的人整理出一些「法則」。這些都是我親身實踐我覺得效果顯著的方法，希望大家可以嘗試看看。

① 關閉電源

無論是智慧型手機還是平板，能關機就盡量關機。有時候，光是開機的那短短幾秒鐘，就足以讓你冷靜下來，抑制住想要看的衝動。

如果是心不甘情不願地關機，可能會像被搶走玩具的小孩一樣不開心。甚至會想發脾氣、大哭大鬧。所以，要試著為自己感到驕傲，可以在睡前對自己說：「好耶，今天比昨天更早關機。」、「以前我一定會在晚餐過後滑手機，今天居然一眼都沒看！」

② 大聲說出「今天絕對不碰手機」

不要只是在心裡想想，試著大聲說出來。可以對著家人或玩偶說，就算沒有對象也沒關係，總之說出來就會有效果。

一旦說出口，就會覺得自己好像真的能做到；而如果最後沒做到，回想起自己之前雄心壯志的模樣就會覺得有點丟臉。要用《灌籃高手》的主角大喊「我是天才！」的那種氣勢，或是像寶塚歌劇團演員一樣唱出來也可以！

③ 在上傳到社群媒體前，先寫在筆記本上

我到現在還在用「推特筆記本」。

以前，我總是想到什麼就馬上發布到推特上，但現在我會先寫在這本筆記本上，然後回顧並確保只發布真正必要的內容。結果發現，其實有很多事情不發出去也沒關係。

④將關機時間可視化

每天晚上，記錄下自己是幾點關機的，無論寫在手帳、筆記本或行事曆上都可以。透過與前一天比較，可以清楚地看見自己努力的成果。也可以設定目標，達成後就在牆上貼張貼紙，就像小孩的如廁訓練一樣。

⑤把討厭的圖片設成待機畫面

選一張讓你連手機都不想碰的圖片！雖然這是一種極端的療法。我以前是輪流用「G」、「貞子」、「靈異教師神眉」的圖片。

這麼一來，確實是不會輕易打開手機了。想到就整個雞皮疙瘩都起來了。

這招超級有效！

⑥給自己糖與鞭子

對努力做到的自己給予獎勵，對屈服於誘惑的自己給予懲罰！雖然方法簡單，但出奇的有效。記住，不要對自己太寬容了。

⑦ 與社群媒體保持適當距離

就算現在不看社群媒體，也不會發生什麼大事！社群媒體並不是義務！時時刻刻提醒自己，我不是明星，沒有人會在乎我在哪裡、吃了什麼，沒有人想知道我的一舉一動。

⑧ 用其他事物替代

與其因為無聊而滑手機，不如看書、寫信、用隨身聽聽音樂、在家裡用電腦、在家看電視等傳統的方式度過空閒時間，其實是一種奢侈的享受呢。

⑨ 用計時器限制使用時間

在家滑手機前，先設個計時器吧。一開始可以設定一個讓你覺得「太久了吧」的時間。比如45分鐘或60分鐘。可以試著設定一個會讓你想吐槽「我才沒有滑這麼久的手機」的時間。

當你真的開始滑手機後，計時器很快就會響起。這時，你才會意識到自己是不是有點手機成癮了。覺察是第一步。

當你習慣了最初設定的時間後，可以試著縮短時間，哪怕只少了1分鐘也可以。順帶一提，我現在在家用平板時，設定時間是以15分鐘為單位。

⑩ 思考是否眞的有必要

在拿起手機之前，先在一張大一點的便條紙上寫下兩件事：「我接下來要做什麼？」、「為什麼需要用手機來做這件事？」

當你寫完後再拿起手機，就能避免無意義地浪費時間。這個方法非常有效喔！

⑪ 比起 100 個讚，不如實際見一個人

也許你可以在網站上認識很多人，但走出家門與人面對面交流也很重要。可以是見朋友、參加某個演講，或是偶像的握手會都可以。

我每個月都會去參加日間小酒館（類似白天營業的小酒吧）舉辦的卡拉OK大賽。我們很多人甚至不知道彼此的聯絡方式，或是只知道彼此的綽號，但我們每個月都會聚會唱唱歌、聊聊天，慢慢擴展交友圈。

此外，我也喜歡參加所謂的「線下聚會」。與不認識的陌生人見面，一次又一次地說著「初次見面」並自我介紹，令人緊張又心跳加速，卻也是很寶貴的體驗。

⑫ 出門時不帶智慧型手機

可以從倒垃圾或去附近的便利商店開始。也可以去隔壁車站的咖啡廳。即使會感到焦慮不安或不知道該做什麼也沒關係，先從離家近的地方開始嘗

試吧。

我建議在每個星期的特定幾天進行。

當你刻意騰出沒有智慧型手機的時間，你會發現：「原來這種時候我也都在滑手機啊。」比如，在電車裡靠著車門的時候、搭手扶梯的時候、等紅綠燈的時候，意外發現自己經常在滑手機。

我也很推薦去一些本身就不允許攜帶電子設備的地方，像是三溫暖或超級錢湯[1]。這樣不僅能進行數位排毒，還能讓身體放鬆，一舉兩得！

⑬ 客觀審視自己

請家人或朋友把你滑手機的樣子拍下來（當然不可以邊走邊拍，在家裡

1 超級錢湯，指在傳統公共澡堂的基礎上，再追加休息區、按摩椅、餐廳食堂、漫畫區等娛樂設施，是娛樂型取向的大型澡堂。

或教室裡就好）。

如果沒有人可以幫你拍，你也可以用手機架、三腳架、數位相機或其他方式錄影下來。你會發現自己彎腰駝背、臉部鬆弛，看見一個從未見過的自己。這可能會讓你感到毛骨悚然。

⑭ 享受「空閒時間」

例如，在電車上，發著呆望向窗外，或是稍微閉目養神。坐在咖啡廳的露天座位，看著來來往往的人們。不要想說「好無聊」，而是主動創造這樣的空閒時間，然後好好享受。

順帶一提，當我在電車上忍不住想要滑手機時，我就會盯著窗外，給自己設個小遊戲，像是「在到站之前找到5個藍色的東西」。

除此之外，我還會做「手指瑜伽」。因為這需要用到雙手，而且據說對身體也有好處。我很推薦這個做法。

参考資料

『「朝ドラ」を観なくなった人は、なぜ認知症になりやすいのか?』奥村歩（幻冬舎）
『あなたのこども、そのままだと近視になります。』坪田一男（ディスカヴァー携書）
『「承認欲求」の呪縛』太田肇（新潮新書）
『視力を失わない生き方　日本の眼科医療は間違いだらけ』深作秀春（光文社新書）
『視力を下げて体を整える 魔法のメガネ屋の秘密』早川さや香著、眼鏡のとよふく監修（集英社）
『スーパードクターと学ぶ　一生よく見える目になろう　いますぐ正しい習慣と最新知識を』深作秀春（主婦の友社）
『スマホ首は自分で簡単に治せる!』『安心』編集部編（マキノ出版）
『スマホ中毒症　「21世紀のアヘン」から身を守る21の方法』志村史夫（講談社＋α新書）
『スマホ廃人』石川結貴（文春新書）
『スマホをやめたら生まれ変わった』クリスティーナ・クルック著／安部恵子訳（幻冬舎）
『世界最高医が教える目がよくなる32の方法』深作秀春（ダイヤモンド社）

『そして生活はつづく』星野源（文春文庫）
『たった1日で目がよくなる視力回復法』中川和宏（PHP研究所）
『友だち幻想　人と人の〈つながり〉を考える』菅野仁（ちくまプリマー新書）
『7日間で突然目がよくなる本　1日5分！姿勢からアプローチする視力回復法』清水真（SBクリエイティブ）
『マンガでわかる 発達障害の僕が羽ばたけた理由』栗原類著、酒井だんごむし画（KADOKAWA）
『目がよくなる本　ヨガで近視は必ず治る』沖正弘（光文社知恵の森文庫）
『やってはいけない目の治療 スーパードクターが教える〝ほんとうは怖い〟目のはなし』深作秀春（角川書店）
『読みたいことを、書けばいい。人生が変わるシンプルな文章術』田中泰延（ダイヤモンド社）
朝日新聞「ながらスマホの自転車死亡事故、元大学生に有罪判決」（2018年8月27日）
「20秒スマホを注視…ながら運転、今も『妻は無駄死に』」（2019年2月7日）
産経新聞「『時速100キロでスマホ漫画見ながら運転』女性はねて死なせた元会社員の公判」（2019年3月4日）
日本経済新聞「愛知・ポケGO事故2年 遺族『ながらスマホやめて』」（2018年10月26日）

毎日新聞「ガラケー、根強いニーズ」（2019年4月11日）
「ガラケーは永遠に不滅？『スマホ全盛』でも販売急増の理由は…」（2022年2月20日）
読売新聞「子供の視力低下　デジタルの影響を検証せよ」（2021年4月21日）
週刊女性「子どもに急増中スマホ斜視って？」（2019年9月3日号）
週刊新潮『『スマホ』が危ない！高齢者と子どもを蝕む『脳の病』」（2019年8月15・22日夏季特大号）
The Telegraph「スマホのブルーライトで失明早まる可能性、研究」（2018年8月14日）
東洋経済オンライン「あなたが知らない深刻なSNS疲れの世界潮流」（2018年9月21日）
「依存症だった私が30日間『スマホ断ち』した結果」（2019年3月20日）
BUSINESS INSIDER JAPAN「『スマートフォンは20年以内に消える』中国バイドゥCEOが予言」（2019年1月8日）
プレジデントオンライン「〝インスタ映えバカ〟のリア充自慢は病気だ」（2017年12月26日）
Yahoo!ニュース（個人コーナー）「【ながらスマホ】来年から罰則強化　2年前、娘の命を奪われた遺族の思い（柳原三佳）」（2018年12月25日）

為了找回自己，決心數位戒斷

作　者　忍足蜜柑 OSHIDARI Mikan
譯　者　林以庭
責任編輯　饒美君 Rita Jao
責任行銷　朱韻淑 Vina Ju
封面裝幀　木木 Lin
版面構成　黃靖芳 Jing Huang
校　對　鄭世佳 Josephine Cheng

發 行 人　林隆奮 Frank Lin
社　長　蘇國林 Green Su

總 編 輯　葉怡慧 Carol Yeh
日文主編　許世璇 Kylie Hsu
行銷經理　朱韻淑 Vina Ju
業務處長　吳宗庭 Tim Wu
業務主任　鍾依娟 Irina Chung
　　　　　林裴瑤 Sandy Lin
業務秘書　陳曉琪 Angel Chen
　　　　　莊皓雯 Gia Chuang

發行公司　悅知文化　精誠資訊股份有限公司
地　址　105台北市松山區復興北路99號12樓
專　線　(02) 2719-8811
傳　真　(02) 2719-7980
網　址　http://www.delightpress.com.tw
客服信箱　cs@delightpress.com.tw
ISBN　978-626-7537-92-3
建議售價　新台幣380元
首版一刷　2025年6月

著作權聲明

本書之封面、內文、編排等著作權或其他智慧財產權均歸精誠資訊股份有限公司所有或授權精誠資訊股份有限公司為合法之權利使用人，未經書面授權同意，不得以任何形式轉載、複製、引用於任何平面或電子網路。

商標聲明

書中所引用之商標及產品名稱分屬於其原合法註冊公司所有，使用者未取得書面許可，不得以任何形式予以變更、重製、出版、轉載、散佈或傳播，違者依法追究責任。

國家圖書館出版品預行編目資料

為了找回自己，決心數位戒斷／忍足蜜柑著；林以庭譯. -- 初版. -- 臺北市：悅知文化精誠資訊股份有限公司，2025.06
272面；12.8×19公分
譯自：スマホの奴隷をやめたくて
ISBN 978-626-7537-92-3（平裝）
1.CST: 行動電話 2.CST: 成癮 3.CST: 戒癮
448.845　114003558

建議分類｜翻譯文學、散文

版權所有　翻印必究

本書若有缺頁、破損或裝訂錯誤，請寄回更換

Printed in Taiwan

SUMAHO NO DOREIOYAMETAKUTE by Mikan Oshidari Illustrated by Yu Sugiura
Copyright © Mikan Oshidari, 2022
All rights reserved. Original Japanese edition published by Bungeisha Co.,LTD.
Traditional Chinese translation copyright © 2025 by Delight Press, a division of SYSTEX Co. Ltd This Traditional Chinese edition published by arrangement with Bungeisha Co.,LTD., Tokyo, through AMANN CO., LTD.